Untersuchungen über den Einfluss der Art und des Wechsels der Belastung auf die elastischen und bleibenden Formänderungen.

Von

Dr. Ing. Otto Berner.

Mit 5 Figuren im Text und 5 lithographierten Tafeln.

Springer-Verlag Berlin Heidelberg GmbH 1903

ISBN 978-3-662-39078-8 ISBN 978-3-662-40059-3 (eBook)
DOI 10.1007/978-3-662-40059-3

Inhaltsübersicht.

A. Einleitung.

Wenn es sich um Bestimmung der Zug- und Druckelastizität für irgend ein Material handelt, ist es wohl heute noch allgemein üblich, für Zug und für Druck verschiedene Körper und Körperformen zu verwenden. Dieses Verfahren reicht für die meisten praktischen Zwecke aus. Sobald man aber genaueren Aufschluss über das gegenseitige Verhältnis der beiden Elastizitäten, sei es absolut genommen oder wie im vorliegenden Falle unter einem bestimmten Gesichtspunkte, erhalten will, können nur solche Versuche auf vollen wissenschaftlichen Wert Anspruch erheben, welche an dem gleichen Versuchskörper durchgeführt sind.

Derartige Untersuchungen, bei denen dieselben Körper Zug- und Druckversuchen unterworfen worden sind, finden sich in der Litteratur bis jetzt noch selten.

Im Jahre 1886 veröffentlichte Professor J. Bauschinger im 13. Hefte der Mitteilungen aus dem mechanisch-technischen Laboratorium der Kgl. Technischen Hochschule München eine Arbeit mit dem Titel: „Über die Veränderung der Elastizitätsgrenze und der Festigkeit des Eisens und Stahls durch Strecken und Quetschen, durch Erwärmen und Abkühlen und durch oftmal wiederholte Beanspruchung". Um die Wirkung zwischen Zug und Druck wechselnder Anstrengungen auf die Elastizitätsgrenze zu untersuchen, liess er Versuchskörper von der in Fig. 1 abgebildeten Gestalt aus Schweisseisen und aus Bessemerstahl herstellen. Die Körperenden waren so geformt, dass sie in die Mäuler der Zugköpfe der Werderschen Prüfungsmaschine passten, ausserdem aber auch auf ihre genau eben und parallel gehobelten Stirnflächen gedrückt werden konnten. Die durch punktierte Linien angedeuteten Löcher wurden nicht ver-

Fig. 1.

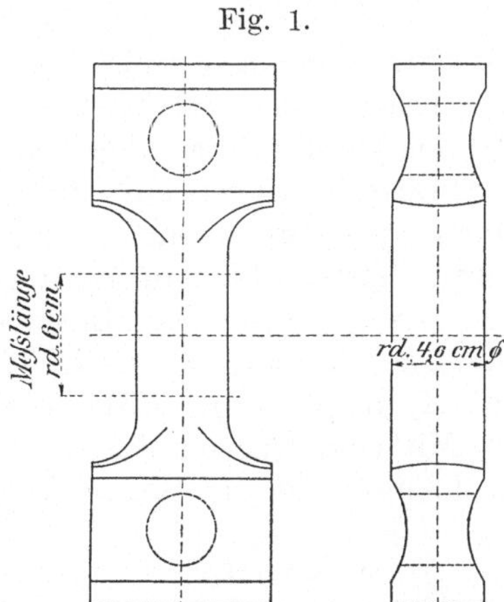

Versuchskörper nach Bauschinger

wendet; sie rührten davon her, dass ursprünglich beabsichtigt war, die Einspannung auf Zug mittels dieser Löcher und durch sie gesteckter Bolzen zu bewerkstelligen. Die verwendete Messlänge betrug, wie aus Figur ersichtlich, nur rund 6 cm; zur Feststellung des gegenseitigen Verhältnisses zwischen Zug- und Druckelastizität dürfte diese Länge entfernt nicht ausreichen [1]. Bei Durchführung der Versuche hat Bauschinger für eine bestimmte Belastung nur die gesamte Dehnung bezw. Verkürzung an demselben Versuchskörper ermittelt, und zwar hat er sich hierbei, ohne durch wiederholte Belastung einen Ausgleichszustand herbeizuführen, jeweils mit einer einzigen Belastung begnügt.

10 Jahre später erschien im 24. Heft derselben Mitteilungen (1896) eine Abhandlung von Professor A. Föppl über die „Biegungselastizität der Steinbalken". In derselben finden sich Zug- und Druckversuche mit einem Granit- und einem Sandsteinbalken, beide Elastizitäten am gleichen Versuchskörper ermittelt. Beim Druckversuch wurde der Balken in der üblichen Weise auf die parallel gehobelten Stirnflächen gedrückt. Von der Einrichtung für den Zugversuch gibt Fig. 2 ein schematisches Bild [2]. Jedes Ende des 170 cm langen Balkens wurde

Fig. 2.

Versuchskörper nach Föppl

zwischen zwei Gusseisenbacken auf eine Länge von rund 22 cm gefasst. Die Innenflächen der Backen waren mit Meisselhieben gerauht. Die Backen selbst wurden mit Schrauben zusammengehalten, sie liefen nach rückwärts in Lappen aus, die mit 7 cm grossen Löchern versehen waren. Durch dieselben wurde an jedem Ende ein Bolzen gesteckt, um das ganze Versuchsstück in die Maschine einhängen zu können.

Bei dieser Art der Einspannung ist zu erwarten, dass diejenigen Teile des Körpers, an denen die Backen angreifen, durch die wirkenden Kräfte mehr in Mitleidenschaft gezogen werden, als diejenigen in der Mitte des Querschnitts. Der hierdurch entstehende Fehler wird um so kleiner und die Spannungsverteilung über den Querschnitt um so

[1]) Bauschinger pflegte sonst bei seinen Elastizitätsversuchen eine Messlänge von 15 cm zu verwenden.

[2]) Da die Föpplsche Abhandlung über den Versuchskörper und seine Einspannung keine massstäbliche Zeichnung enthält, so blieb nur die Möglichkeit übrig, mit Hilfe einer Photographie und der im Texte gegebenen Hauptabmessungen eine schematische Skizze zu entwerfen.

gleichmässiger, je mehr die Endpunkte der Messlängen von den Einspannstellen entfernt sind. Wie Fig. 2 erkennen lässt, hat Föppl diese Entfernung reichlich gewählt.

Die Messlänge betrug bei den Versuchen von Föppl rund 15 cm; sie ist demnach grösser als bei Bauschinger. Die Dehnungen bezw. Zusammendrückungen sind in der Art ermittelt, dass der Körper vor Beginn der Messung durch wiederholte Belastung bis auf die höchste Stufe in einen, wie Föppl sich ausdrückt, „konstanten Zustand" gebracht wurde. Durch dieses Verfahren werden zwar die für die Untersuchungen oft recht unerwünschten und zeitraubenden bleibenden Dehnungen beseitigt sowie die elastischen Nachwirkungen vermindert, gleichzeitig wird jedoch das Material in einen Zustand versetzt, der von dem ursprünglichen, dessen richtige Bestimmung in erster Linie Zweck der ganzen Untersuchung sein muss, mehr oder weniger verschieden ist.

Der Zweck eines grossen Teiles der im Folgenden durchgeführten Versuche bestand darin, die Veränderung des ursprünglichen Materialzustandes unter allmählich ansteigender Wechselbelastung zwischen Zug und Druck festzustellen. Die hierbei mit Gusseisen erlangten Versuchsergebnisse haben aufs neue bewiesen, dass dieses Material in seiner Elastizität [1]) stark davon beeinflusst wird, ob, in welcher Art und in welchem Masse der zu untersuchende Körper vorher belastet worden ist. Diese dem Gusseisen zukommende Eigenschaft ist aber bei Materialien von der Struktur des Sandsteins, Granits u. s. w. in noch höherem Masse zu erwarten. Die Versuchsergebnisse Föppls sind deshalb unter dem Gesichtspunkte zu beurteilen, dass die Elastizität der unteren Belastungsstufen durch vorhergegangene Überlastung bis auf die höchste Stufe entsprechend verändert worden ist [2]). Sie geben in der Hauptsache über das elastische Verhalten der genannten Steine bei sehr kleinen Spannungen Auskunft, und zwar zeigte sich für Sandstein ausgesprochen, für Granit annähernd [3]), dass ganz in der Nähe der Spannung Null das Material sich gegenüber Zug und Druck ziemlich gleich verhält. Die Linienzüge Fig. 12 (Granit) und Fig. 13 (Sandstein) auf S. 29 bezw. 31 der genannten Mitteilungen zeigen stetigen Verlauf der Dehnungskurve durch den Nullpunkt. Damit ist natürlich noch nicht bewiesen, dass sich auch für den ursprünglichen Zustand des Materials dieselbe Kurve ergeben hätte.

---

[1]) Unter Elastizität eines Materials ist hier und im Folgenden stets der Dehnungskoëffizient der Federung zu verstehen.

[2]) C. Bach, Elastizität und Festigkeit, 1898, S. 67, Fussbemerkung.

[3]) Es muss ausdrücklich hervorgehoben werden, dass die kleinste Spannung, bei der noch gemessen wurde, für Sandstein 1,7 kg/qcm, für Granit nahezu das 4fache 6,7 kg/qcm betrug. Bei 6,7 kg/qcm zeigt Sandstein grössere Unterschiede in den Elastizitäten als Granit. Man ist deshalb zu der Annahme berechtigt, dass auch Granit bei entsprechend kleinen Spannungen vollkommen gleiche Elastizitäten besitzt.

In neuerer Zeit hat Professor C. Bach in der bezeichneten Richtung Versuche angestellt, und zwar mit Gusseisen. Die Arbeit ist veröffentlicht in der Zeitschrift des Vereines deutscher Ingenieure 1898, S. 35 u. f.[1]). Die Versuchskörper hatten die in Fig. 3 wiedergegebene Form. Die verwendeten Messlängen betrugen 50 cm, waren also sehr gross. Bei Durchführung der Versuche wurde Belastung und Entlastung jeweils so oft gewechselt, bis die gesamten, die bleibenden und die federnden Formänderungen gleich blieben. Die Versuche ergaben u. a. für Gusseisen bei kleinen Spannungen die Federungen gegenüber Zug etwas kleiner als gegenüber Druck. Der Verfasser liess es zunächst noch dahingestellt, ob das gefundene Ergebnis allgemeine Gültigkeit besitzt oder nur für den untersuchten Körper gilt.

Fig. 3.

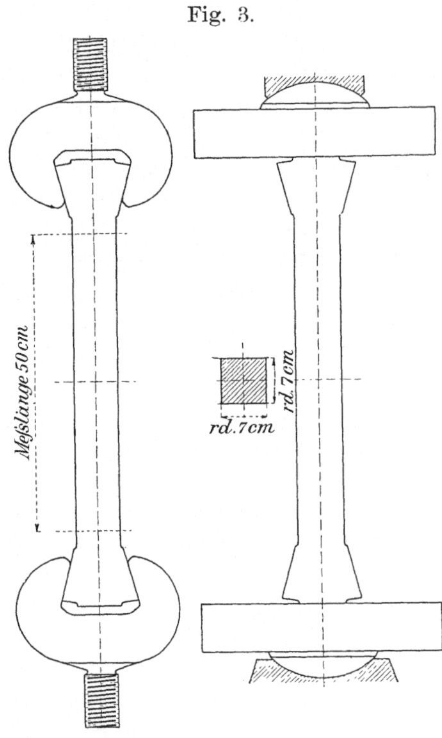

Versuchskörper nach Bach

Zur Klarstellung dieser Verhältnisse und um gleichzeitig, was bisher meines Wissens nicht geschehen war[2]), die Veränderung des Materials durch Wechselbelastung zwischen Zug und Druck am gleichen Versuchskörper festzustellen, habe ich auf Grund einer Anregung von Herrn Baudirektor C. v. Bach die folgenden Elastizitätsversuche mit Gusseisen und Flusseisen durchgeführt.

Die hierzu nötigen Versuchseinrichtungen sowie Versuchskörper standen mir in der Materialprüfungsanstalt der Kgl. Technischen Hochschule Stuttgart zur Verfügung. Die ersteren sind im wesentlichen dieselben, wie sie Bach bei der letzgenannten Arbeit verwendet und in derselben ausführlich beschrieben hat, mit dem Unterschied, dass an Stelle der dort erwähnten Rahmen am Ende der Messlänge Stahlringe mit 4 um 90^0 versetzten Schrauben zur Anwendung kamen. Im übrigen darf ganz auf die Ausführungen Bachs in der Zeitschrift des Vereines deutscher Ingenieure 1898, S. 35 u. f. oder in dessen Elastizität und Festigkeit § 8 verwiesen werden.

[1]) S. a. C. Bach, Elastizität und Festigkeit, 4. Aufl. (1902), S. 30 u. f.

[2]) Die Versuche von Bauschinger können mit Rücksicht auf ihre Durchführung nur für ihre ganz besondere Aufgabe in Betracht kommen.

Die Untersuchungen erstreckten sich zunächst auf Gusseisen, da hierbei nach dem sonstigen Verhalten dieses Materials die zu bestimmende Veränderung sich am deutlichsten zeigen musste. Der Vollständigkeit und des Vergleichs wegen wurden noch Versuche mit Flusseisen angeschlossen.

B. Versuche mit Gusseisen.

Von den in Betracht kommenden Gusseisensorten wurde sogenanntes „hochwertiges Gusseisen", d. h. solches mit hoher Zugfestigkeit gewählt. Hierfür sprachen zwei Gründe. Erstens pflegt solches Eisen von weit grösserer Gleichartigkeit zu sein als Gusseisen gewöhnlicher Art, und zweitens sind für nicht allzu hohe Spannungen die bleibenden Dehnungen verhältnismässig gering. Zur genaueren Aufklärung über die Eigenschaften des verwendeten Eisens können die nachgenannten, von Bach mit demselben Material angestellten Versuche dienen:

1. Versuche über das Arbeitsvermögen und die Elastizität von Gusseisen mit hoher Zugfestigkeit, Zeitschrift des Vereines deutscher Ingenieure 1900, S. 409 u. f.
2. Versuche über die Druckfestigkeit hochwertigen Gusseisens und über die Abhängigkeit der Zugfestigkeit desselben von der Temperatur, Zeitschrift des Vereines deutscher Ingenieure 1901, S. 168 u. f.

Die sämtlichen von mir untersuchten Versuchskörper, im ganzen 4 Stück, wurden aus derselben Pfanne gegossen, bestanden also aus dem gleichen Material, soweit sich das überhaupt erreichen lässt.

I. Die Veränderung der federnden und bleibenden Formänderungen, hervorgerufen durch fortgesetzte, konstante Wechselbelastung zwischen Zug und Druck.

Die Untersuchung wurde an zwei Körpern durchgeführt. Bei dem einen wurden sämtliche Wechselbelastungen mit Zug begonnen. Derselbe hat im folgenden die Bezeichnung 1 erhalten. Beim anderen dagegen wurden die Versuche stets mit Druck begonnen, dieser ist mit 2 bezeichnet worden. Die Form der Körper ist in Fig. 4 wiedergegeben. Es ist die gleiche, die schon Bach bei seinen Versuchen (vergl. Einleitung S. 4) zur Anwendung gebracht hatte. Der Querschnitt ist rechteckig, nahezu quadratisch. Durch Bearbeiten auf der Hobelmaschine ist die Gusshaut an sämtlichen Teilen in der Stärke von durchschnittlich 5 mm entfernt worden. Aus später zu erläuternden Gründen wurde jeder Körper bei zwei verschiedenen Querschnittsabmessungen untersucht. Zur Unterscheidung ist der ursprüngliche (grössere) Querschnitt mit a, der verkleinerte mit b bezeichnet worden.

Fig. 4.

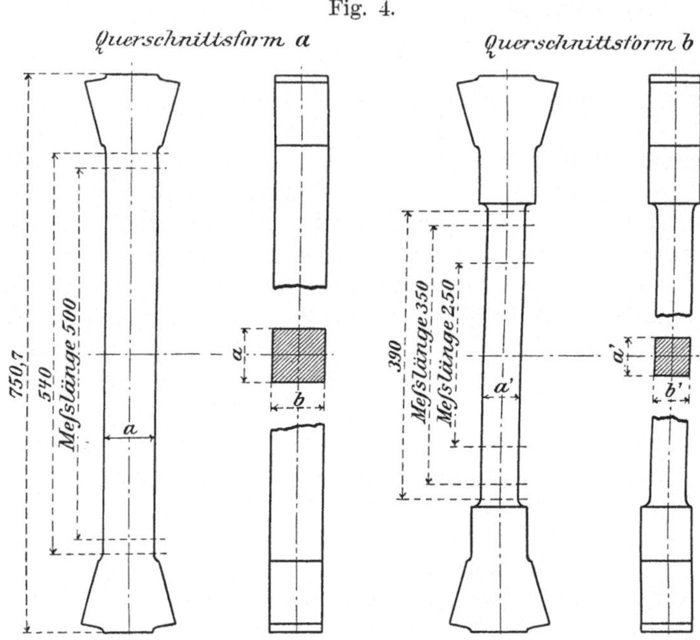

Versuchskörper aus Gusseisen

Gusseisenkörper 1.

Querschnittsform a. Fig. 4.

Die Längenabmessungen gibt die Abbildung:

Entfernung der genau parallel gehobelten Stirnflächen . .	75,07 cm
Länge des mittleren prismatischen Teils	54,0 ,,
Messlänge	50,0 ,,

Die Querschnittsabmessungen des prismatischen Teils sind

im Mittel	a = 7,06 cm b = 7,09 ,,
Querschnitt	7,06 · 7,09 = 50,1 qcm
Gewicht in der Luft	30,501 kg
,, unter Wasser	26,265 ,,
Unterschied	4,236 kg
spezifisches Gewicht . . .	$\frac{30,501}{4,236} = 7,200.$

Beschreibung der Versuchsausführung.

Die Durchführung der Versuche gestaltete sich wie folgt. Begonnen wurde mit einer gesamten Zugbelastung von 7500 kg. Nachdem diese Belastung drei Minuten lang gewirkt hatte, wurde an den Instrumenten abgelesen und der Körper sofort wieder vollständig von der Zugkraft der Maschine entlastet, sodass sein Querschnitt in der Mitte nur noch vom halben Eigengewicht und von dem in Betracht kommenden Teile der Messvorrichtung belastet wurde. Es betrugen:

das Gewicht des bei Zugbelastung in Betracht kommenden Teiles der Messvorrichtung . . .	rund 7,7 kg
das halbe Eigengewicht des Stabes	„ 15,3 „
die kleinste Belastung des mittleren Querschnitts bei Zug	rund 23 kg

Drei Minuten nachdem diese Entlastung begonnen hatte, wurde wieder an den Instrumenten abgelesen. Dieser ersten Belastung auf Zug folgte nicht sofort die erste Belastung auf Druck. Es wurde vielmehr zunächst zwischen den positiven Belastungen von insgesamt 23 und 7500 kg so lange in der angegebenen Weise gewechselt, bis die jeweils nach 3 Minuten gemachten Ablesungen erkennen liessen, dass die gesamten, bleibenden und federnden Dehnungen sich nicht mehr änderten. Die Temperatur im Versuchsraum wurde während einer solchen Versuchsreihe möglichst konstant gehalten (grösste Schwankungen $\pm$ 0,1° C.). Die folgende Tabelle enthält die Ablesungen, die sich bei der ersten Zugbelastung bis zur Erreichung des Ausgleichszustandes ergeben haben.

1. Zugbelastung (1. Versuchsreihe).[1]

Belastung in kg		Ablesung in $\frac{1}{600}$ cm		Summe der Ablesungen	Ausdehnung auf 50 cm in $\frac{1}{1200}$ cm			Temperatur im Versuchsraum ° C.
gesamte	kg/qcm	links	rechts		gesamte	bleibende	federnde	
23	0,5	12,00	12,00	24,00				
7500	149,7	14,29	17,13	31,42	7,42			
23	0,5	12,13	12,27	24,40		0,40	7,02	18,8
7500	149,7	13,93	17,54	31,47	7,47			
23	0,5	12,16	12,27	31,43		0,43	7,04	18,8
7500	149,7	13,78	17,69	31,47	7,47			
23	0,5	12,16	12,27	31,43		0,43	7,04	18,8

Die Dehnungen haben sich nach vorstehender Tabelle erst bei der dritten Belastung nicht mehr geändert. Es darf gleich hier vorausgeschickt werden, dass die Herbeiführung des bezeichneten Endzustandes

[1]) Unter 1. Zugbelastung ist nach dem Vorstehenden nicht eine einzige Belastung, sondern eine ganze Versuchsreihe zu verstehen.

bei niederen Spannungen verhältnismässig rasch zu erreichen ist. Mit der Spannung wächst aber die nötige Zahl der Be- und Entlastungen, so dass beispielsweise bei 1200 kg/qcm für einen Ausgleich bis zu 15 Wechsel nötig wurden.

Erst nach Erreichung des Endzustandes durch Belastung im gleichen (positiven) Sinne wurde der Körper aus der Zug- in die Druckmaschine versetzt. Die Prüfung auf Druck erfolgte in ganz derselben Weise wie auf Zug: Drei Minuten nachdem die Druckbelastung 7500 kg zu wirken begonnen hatte, wurde abgelesen und der Körper von der Druckkraft der Maschine wieder vollständig entlastet, sodass sein Querschnitt in der Mitte nur noch vom halben Eigengewicht und dem in Betracht kommenden Teile der Messvorrichtung belastet war. Es betrugen:

das Gewicht des bei Druckbelastung in Betracht kommenden Teiles der Messvorrichtung . . . rund 10,8 kg
das halbe Eigengewicht des Körpers . . . . . „ 15,3 „
die kleinste Belastung des mittleren Querschnitts bei Druck . . . . rund 26 kg.

Auch hier wurde zwischen den negativen Belastungen von insgesamt 26 und 7500 kg so lange gewechselt, bis die Ablesungen der Instrumente erkennen liessen, dass die gesamten, bleibenden und federnden Zusammendrückungen sich nicht mehr änderten. Das Ergebnis dieser Ablesungen bei der ersten Druckbelastung bis zur Erreichung des Endzustandes ist in der folgenden Tabelle wiedergegeben.

1. Druckbelastung (2. Versuchsreihe).

Belastung in kg		Ablesung in $\frac{1}{600}$ cm		Summe der Ablesungen	Zusammendrückung auf 50 cm in $\frac{1}{1200}$ cm			Temperatur im Versuchsraum °C.
gesamte	kg/qcm	links	rechts		gesamte	bleibende	federnde	
26	0,5	18,00	18,00	36,00				
7500	149,7	15,39	13,34	28,73	7,27			
26	0,5	18,07	17,76	35,83		0,17	7,10	19,1
7500	149,7	14,94	13,74	28,68	7,32			
26	0,5	18,04	17,73	35,77		0,23	7,09	
7500	149,7	15,54	13,14	28,68	7,32			
26	0,5	18,02	17,73	35,75		0,25	7,07	19,0
7500	149,7	15,44	13,24	28,68	7,32			
26	0,5	18,01	17,73	35,74		0,26	7,06	
7500	149,7	15,62	13,06	28,68	7,32			
26	0,5	18,02	17,70	35,72		0,28	7,04	
7500	149,7	15,66	13,02	28,68	7,32			
26	0,5	18,02	17,70	35,72		0,28	7,04	19,1

Bis zur Erreichung des Ausgleichszustandes waren im ganzen 6 Belastungen im gleichen Sinne nötig.

Alle im folgenden für eine bestimmte Zug- bezw. Druckbelastung gegebenen gesamten, bleibenden und federnden Formänderungen stellen, ohne dass das besonders hervorgehoben wird, den durch wiederholte Belastung im gleichen Sinne in der bisher beschriebenen Weise hervorgerufenen Endzustand dar. Alle übrigen zur Feststellung dieses Zustandes notwendigen Messungen, wie sie beispielsweise in den Tabellen auf S. 7 für die 1. Zugbelastung und auf S. 8 für die 1. Druckbelastung ausführlich angegeben wurden, sind dagegen im Folgenden fortgelassen worden.

Die 1. Zugbelastung (1. Versuchsreihe) und die 1. Druckbelastung (2. Versuchsreihe) können zusammen als ein Belastungswechsel zwischen Zug und Druck angesehen werden. Dieser Wechsel wurde nun gleichfalls so lange fortgesetzt, bis die durch ihn bewirkten Veränderungen ganz oder doch nahezu aufhörten. Dieser Ausgleichszustand für Wechselbelastung (positiv und negativ) tritt also bei den folgenden Versuchen als neues Moment zu dem durch wiederholte Belastung im gleichen Sinne (positiv oder negativ) herbeigeführten Endzustande hinzu. Zwischen zwei Belastungen mit verschiedenen Vorzeichen, oder genau gesprochen zwischen der letzten Zug- und der ersten Druckbelastung zweier aufeinander folgender Versuchsreihen (und umgekehrt) lag nur die zum Versetzen des Körpers aus der Zug- in die Druckmaschine nötige Zeit, durchschnittlich 20 Minuten. Musste bei Durchführung der Versuche eine längere Pause eintreten, beispielsweise während der Nacht, so wurde der Störung durch etwaige in dieser Zeit erfolgte elastische Rückbildungen dadurch begegnet, dass vor Fortsetzung des Versuchs der Körper durch nochmalige Belastung in den Ausgleichszustand der letzten Prüfung gebracht wurde.

Alle bisherigen Ausführungen beziehen sich auf eine einzige Belastungsstufe, beispielsweise auf die Belastungsstufe 7500 kg (Spannung rund 150 kg/qcm), mit der die Versuche begonnen wurden. Sobald die durch diese konstante Wechselbelastung in der beschriebenen Weise hervorgerufenen Veränderungen des Materials so weit ausgebildet waren, dass durch weitergehenden Belastungswechsel keine merkbaren Änderungen mehr zu erwarten standen, wurden ganz dieselben Versuche mit einer höheren Belastung wiederholt. Im ganzen wurden 5 solcher Belastungsstufen mit den folgenden Spannungen und Messlängen durchgeführt:

	Spannung in kg/qcm	Messlänge in cm
Belastungsstufe 1	rund 150	50
„ 2	„ 300	50
„ 3	„ 600	50
„ 4	„ 900	35
„ 5	„ 1200	25

Von der ursprünglichen Messlänge, 50 cm, wurde natürlich erst dann abgewichen, als die Formänderungen so gross wurden, dass die Instrumente nicht mehr ausreichten.

Die bei den einzelnen Belastungsstufen erlangten Versuchsergebnisse sind jeweils in einer Tabelle zusammengestellt worden. Es folgen zunächst die Versuchsergebnisse für Belastungsstufe 1.

Belastungsstufe 1.

Spannung rund 150 kg/qcm, Messlänge 50 cm.

Mittlere Temperatur im Versuchsraum 19,5 °C.

Wechsel zwischen Zug und Druck	Reihenfolge der Versuchsreihen	Zug Belastung {gesamte 23 und 7500 kg, auf den qcm 0,5 „ 149,7 „} Ausdehnung auf 50 cm in $\frac{1}{1200}$ cm			Reihenfolge der Versuchsreihen	Druck Belastung {gesamte 26 und 7500 kg, auf den qcm 0,5 „ 149,7 „} Zusammendrückung auf 50 cm in $\frac{1}{1200}$ cm		
		gesamte	bleibende	federnde		gesamte	bleibende	federnde
1	2	3	4	5	6	7	8	9
1	1	7,47	0,43	7,04	2	7,32	0,28	7,04
2	3	7,35	0,33	7,02	4	7,39	0,34	7,05
3	5	7,26	0,27	6,99	6	7,28	0,22	7,06
4	7	7,35	0,33	7,02	8	7,34	0,28	7,06
		Mittelwert der Federung 7,02				Mittelwert der Federung 7,05		

Die Zusammenstellung ist für Zug und Druck der Übersichtlichkeit wegen besonders gemacht. Spalte 2 und 6 geben über die Reihenfolge der Versuchsreihen Auskunft. Ich sage ausdrücklich Versuchs*reihen*, weil, wie schon hervorgehoben, jede der angeführten Zahlen als Ausgleichswert zu betrachten ist, der durch wiederholte Belastung im gleichen Sinne erhalten wurde.

Auf Belastungsstufe 1 sind im ganzen 4 Wechsel zwischen Zug und Druck vorgenommen worden. Die federnden Formänderungen haben sich hierbei gegenüber Zug ein wenig kleiner ergeben als gegenüber Druck; der Unterschied der Mittelwerte beträgt

$$\frac{7{,}05 - 7{,}02}{7{,}05}\,100 = 0{,}4 \text{ v. H.}$$

Bei Beurteilung dieser Werte, namentlich mit Rücksicht auf eine etwa festzustellende Gesetzmässigkeit in der Änderung, muss jedoch im Auge behalten werden, dass die Sicherheit der Ablesungen, die bis auf $\frac{1}{6000}$ mm erfolgen, in der letzten Dezimalstelle nur bis auf 2 als ausreichend zu betrachten ist [1]), ganz abgesehen noch von den Fehlergrenzen, die durch die benutzten Instrumente und Maschinen, sowie

[1]) Vergleiche hierüber Zeitschrift des Vereines deutscher Ingenieure 1898, S. 38, linke Spalte.

durch die Genauigkeit, mit welcher jeweils die Belastung hergestellt werden kann, gezogen sind. Für das untersuchte Gusseisen dürfen deshalb für den Spannungsunterschied 0,5 und 149,7 kg die federnden Formänderungen gegenüber Zug und Druck fast als gleich gelten; dieselben ändern sich auch nicht durch fortgesetzten Belastungswechsel. Die bleibenden Formänderungen zeigen dagegen, namentlich bei Zug, eine deutliche Abnahme.

Das Mittel aus den Federungen $\frac{7,02 + 7,05}{2} = 7,035$ liefert unter der Annahme von Proportionalität zwischen Spannung und Dehnung für den Spannungsunterschied 0,5 und 149,7 kg den Dehnungskoeffizienten

$$\alpha = \frac{7,035}{1200 \cdot 50} \frac{1}{149,7 - 0,5} = \frac{1}{1\,272\,495}.$$

Belastungsstufe 2.

Spannung rund 300 kg, Messlänge 50 cm.
Mittlere Temperatur im Versuchsraum 21,1 ^{0}C.

Wechsel zwischen Zug und Druck	Reihenfolge der Versuchsreihen	Zug Belastung {gesamte 23 und 15000 kg; auf den qcm 0,5 „ 299,4 „} Ausdehnung auf 50 cm in $\frac{1}{1200}$ cm			Reihenfolge der Versuchsreihen	Druck Belastung {gesamte 26 und 15000 kg; auf den qcm 0,5 „ 299,4 „} Zusammendrückung auf 50 cm in $\frac{1}{1200}$ cm		
		gesamte	bleibende	federnde		gesamte	bleibende	federnde
1	1	15,54	1,08	14,46	2	15,26	0,68	14,58
2	3	15,15	0,75	14,40	4	15,18	0,68	14,50
3	5	15,22	0,87	14,35	6	15,03	0,54	14,49
4	7	15,34	0,88	14,46	8	15,21	0,69	14,52
5	9	15,29	0,82	14,47	10	15,16	0,64	14,52
		Mittelwert der Federung 14,43				Mittelwert der Federung 14,52		

Auf Belastungsstufe 2 ist im ganzen fünfmal zwischen Zug und Druck gewechselt worden. Die Zugfederungen schwanken zwischen 14,35 und 14,47, die Druckfederungen zwischen 14,49 und 14,58. Die Schwankungen sind nicht regelmässig und bleiben noch in solchen Grenzen, dass eine wirkliche Veränderung des ursprünglichen Materialzustandes durch Wechselbelastung kaum angenommen werden kann; bemerkenswert ist noch der Umstand, dass die Zugfederungen, wie schon für Belastungsstufe 1, stets kleiner sind als die Druckfederungen. Der Unterschied der Mittelwerte beträgt

$$\frac{14,52 - 14,43}{14,52} 100 = 0,6 \text{ v. H.}$$

Berücksichtigt man diesen immerhin kleinen Unterschied nicht und zieht aus allen Federungen das Mittel $\frac{14,43 + 14,52}{2} = 14,475$, so ergibt sich hiermit für den Spannungsunterschied 149,7 und 299,4 kg der Dehnungskoeffizient zu

$$\alpha = \frac{14,475 - 7,035}{1200 \cdot 50} \cdot \frac{1}{299,4 - 149,7} = \frac{1}{1203226}.$$

Die bleibenden Dehnungen, für die 1. Zugbelastung (1. Versuchsreihe) 1,08 und beim 5. Belastungswechsel (9. Versuchsreihe) 0,82, zeigen noch deutlicher die schon bei Belastungsstufe 1 hervorgehobene Abnahme.

Belastungsstufe 3.

Spannung rund 600 kg, Messlänge 50 cm.
Mittlere Temperatur im Versuchsraum 23,8 °C.

Wechsel zwischen Zug und Druck	Reihenfolge der Versuchsreihen	Zug — Belastung {gesamte 23 und 30000 kg; auf den qcm 0,5 „ 598,8 „} — Ausdehnung auf 50 cm in $\frac{1}{1200}$ cm			Reihenfolge der Versuchsreihen	Druck — Belastung {gesamte 26 und 30000 kg; auf den qcm 0,5 „ 598,8 „} — Zusammendrückung auf 50 cm in $\frac{1}{1200}$ cm		
		gesamte	bleibende	federnde		gesamte	bleibende	federnde
1	1	34,30	3,37	30,93	—	—	—	—
2	3	34,55	3,39	31,16	—	—	—	—
3	5	34,11	2,83	31,28	6	32,34	2,78	29,56
4	7	34,02	2,67	31,35	8	32,22	2,65	29,57
5	9	34,06	2,71	31,35	10	32,23	2,66	29,57
6	11	34,00	2,61	31,39	—	—	—	—

Die beiden ersten Versuchsreihen bei Druck (2. und 4.) konnten in die Tabelle nicht aufgenommen werden, weil für dieselben durch ein Versehen, das erst beim 3. Wechsel bemerkt und richtiggestellt wurde, die Gesamtbelastung 30200 kg betrug. Das Ergebnis dieser Messung ist in der folgenden Tabelle besonders wiedergegeben.

Versuchsreihen 2 und 4 (Druck).

Belastung {gesamte 26 und 30200 kg; auf den qcm 0,5 „ 602,8 „}

Versuchsreihe	Zusammendrückung auf 50 cm in $\frac{1}{1200}$ cm			Temperatur im Versuchsraum
	gesamte	bleibende	federnde	
2	33,04	3,44	29,60	23,8 °C.
4	32,74	3,02	29,72	

Die Zugfederung für die 1. Zugbelastung beträgt 30,93; sie nimmt, mit jedem Belastungswechsel stetig wachsend, bis 31,39 beim 6. Wechsel zu. Die Werte der letzten 3 Wechsel 31,35, 31,35 und 31,39 sind so gut wie gleich. Es ist wohl kaum anzunehmen, dass die Federungen durch Fortsetzung der Wechselbelastung noch weiter vergrössert worden wären. Die Druckfederungen nehmen gleichfalls zu, allerdings, soweit sich das bei den verschiedenen Belastungen (30000 und 30200 kg) feststellen lässt, nicht ganz in demselben Masse. Während aber auf den beiden vorhergehenden Belastungsstufen die Druckelastizität eher etwas grösser war als die Zugelastizität, kehrt sich bei der Spannung rund 600 kg/qcm dieses Verhältnis plötzlich um: die Zugelastizität erweist sich von der ersten Belastung an ausgesprochen grösser als die Druckelastizität.

Belastungsstufe 3 liefert hiermit in zwei Beziehungen bemerkenswerte Ergebnisse:

1. Konstante Wechselbelastung zwischen Zug und Druck vergrössert die federnden Formänderungen; die Vergrösserung nimmt mit jedem Wechsel ab und hört schliesslich auf.
2. Das Material zeigt sich gegenüber Zug ausgesprochen elastischer als gegenüber Druck.

Bei der zweifellosen Verschiedenheit von Zug- und Druckelastizität sind die Dehnungskoeffizienten im Folgenden für beide Elastizitäten getrennt berechnet werden. Um den Einfluss der Wechselbelastung auch am Dehnungskoeffizienten zu zeigen, sind diese Berechnungen nicht bloss für den durch konstante Wechselbelastung hervorgerufenen Endzustand, sondern ausserdem noch für den ursprünglichen Zustand des Materials angestellt worden. Als Anfangszustand wurde immer die Federung der ersten Messung bei Zug bezw. Druck angesehen. Hierbei ist aber zu beachten, dass auf jeder der ausgeführten Belastungsstufen die 1. Zugbelastung die jeweils überhaupt zuerst angestellte Messung darstellt, dass hingegen der 1. Druckbelastung immer schon eine Belastung, nämlich die 1. Zugbelastung, vorausging. Durch die vorstehenden Versuche ist nachgewiesen, dass Wechselbelastung die Formänderungen beeinflusst. Die Ergebnisse der beiden ersten, zeitlich aufeinander folgenden Belastungen dürfen demnach nicht als gleichwertig angesehen werden: Die Federung der 1. Zugbelastung stellt genau den Ursprungszustand des Materials dar, die Federung der 1. Druckbelastung ist aber voraussichtlich schon von der vorausgegangenen Zugbelastung beeinflusst worden.

Um bei der Wahl des Endzustandes eine gewisse Einheitlichkeit zu erzielen, wurde hier und im Folgenden den Berechnungen des Dehnungskoeffizienten von den in Betracht kommenden ähnlichen Werten immer der grösste zu Grunde gelegt.

Die federnden Dehnungen liefern für den Spannungsunterschied 299,4 und 598,8 kg/qcm bei der 1. Zugbelastung (1. Versuchsreihe)

$$\alpha = \frac{30{,}93 - 14{,}475}{1200 \cdot 50} \; \frac{1}{598{,}8 - 299{,}4} = \frac{1}{1091705},$$

nach Erreichung des Endzustandes (11. Versuchsreihe)

$$\alpha = \frac{3139, -14,475}{1200 \cdot 50} \, \frac{1}{598,8 - 299,4} = \frac{1}{1062016}.$$

Die federnden Zusammendrückungen liefern bei der 1. Druckbelastung (2. Versuchsreihe) für den Spannungsunterschied 299,4 und 602,8 kg/qcm

$$\alpha = \frac{29,60 - 14,475}{1200 \cdot 50} \, \frac{1}{602,8 - 299,4} = \frac{1}{1203570},$$

nach Erreichung des Endzustandes (10. Versuchsreihe) für den Spannungsunterschied 299,4 und 598,8 kg/qcm

$$\alpha = \frac{29,57 - 14,475}{1200 \cdot 50} \, \frac{1}{598,8 - 299,4} = \frac{1}{1190063}.$$

In Hundertteilen des ursprünglichen Zustandes ergibt sich hiernach die Vergrösserung des Dehnungskoeffizienten

$$\text{bei Zug zu } \frac{\frac{1}{1062016} - \frac{1}{1091705}}{\frac{1}{1091705}} \, 100 = 2,8 \text{ v. H.},$$

$$\text{bei Druck zu } \frac{\frac{1}{1190063} - \frac{1}{1203570}}{\frac{1}{1203570}} \, 100 = 1,1 \text{ v. H.}$$

Die bleibenden Formänderungen zeigen ganz dasselbe Verhalten wie auf den vorhergehenden Belastungsstufen, sie nehmen durch fortgesetzten Belastungswechsel ab. Bei den 3 letzten Wechseln sind die Unterschiede der gefundenen Werte ziemlich klein, allerdings immer noch grösser als bei den federnden Formänderungen. Dies rührt zum grossen Teil daher, dass der Genauigkeitsgrad bei der Bestimmung der federnden und bleibenden Formänderungen nicht gleich ist. Die ersteren sind im allgemeinen nur an die durch Maschinen und Instrumente gezogenen Grenzen gebunden. Schwankungen der Temperatur, Verstellungen der Instrumente durch äussere Einflüsse, Erschütterungen kommen so gut wie nicht in Betracht. Die letzteren hingegen werden durch alles beeinflusst, was den ursprünglichen Einstellungspunkt der Instrumente verlegen kann. Ich habe wiederholt beobachten können, dass die verwendeten Instrumente schon gegen kleine Temperaturschwankungen[1]) ($\frac{1}{10}$ °C.) sehr empfindlich sind, viel empfindlicher als beispielsweise der Spiegelapparat von Bauschinger.

Bei Beschreibung der Versuchsausführung (S. 7—10) habe ich hervorgehoben, dass zur Bestimmung der Ausgleichswerte für Zug und Druck Belastung und Entlastung jeweils so oft gewechselt wurden, bis

[1]) Wie schon auf S. 7 hervorgehoben, gestattete der Versuchsraum ein Konstanthalten der Temperatur bis auf $\pm \frac{1}{10}$°C.

die gesamten, bleibenden und federnden Formänderungen sich nicht mehr änderten. Für die Federungen ist dieser Endzustand, jedenfalls für niedere und mittlere Belastungen, leicht festzustellen, aber jedermann, der schon Elastizitätsversuche durchgeführt hat, weiss, dass es nicht immer ganz leicht ist, den Endzustand für die Zug- oder Druckreste fehlerfrei zu erhalten. Täuschungen nach der einen oder anderen Seite sind hier nicht ganz ausgeschlossen.

Unter Berücksichtigung der Fehlerquellen dürfte die Übereinstimmung der beim 4. und 5. Wechsel erhaltenen Zug- und Druckreste sowohl unter sich, wie gegenseitig als ausreichend anzusehen sein. Die bleibenden Formänderungen erreichen somit durch den in ganz bestimmter Weise vorgenommenen Belastungswechsel einen für Zug und Druck gleichen Endwert, ein Ergebnis, das dem entsprechen dürfte, was man in dieser Hinsicht erwarten wird.

Nach den besprochenen drei Belastungsstufen wurde versucht, noch eine vierte mit insgesamt 45000 kg Belastung durchzuführen. Da hierbei die Skala der Instrumente für eine Messlänge von 50 cm nicht mehr ausreichte, wurde eine kleinere Messlänge und zwar 35 cm gewählt. Für die erste Zugbelastung ergaben sich die folgenden Ausgleichswerte:

Belastung in kg		Ausdehnung auf 35 cm in $\frac{1}{1200}$ cm			Temperatur im Versuchsraum °C.
insgesamt	kg/qcm	gesamte	bleibende	federnde	
23 und 45000	0,5 und 898,2	40,30	5,27	35,03	26,0

Die grösste Kraftäusserung der zur Verfügung stehenden Zugmaschine sollte nach Angabe des Fabrikanten 50000 kg betragen. Der Belastungsmechanismus war jedoch so dimensioniert, dass schon die Herstellung der letztgenannten Belastung von 45000 kg solchen Kraft- und Zeitaufwand erforderte, dass von einer weiteren Untersuchung des Körpers in seiner bisherigen Form Abstand genommen werden musste. Auch war zu befürchten, dass wiederholte Belastungen von dieser Grösse Eindrückungen in den Schneidenlagern erzeugen und dadurch den Genauigkeitsgrad der Maschine vermindern würden.

Zur Feststellung des gesuchten Einflusses bei höheren Spannungen blieb demnach nur der Ausweg übrig, den ursprünglichen Querschnitt zu verkleinern. Fig. 4 auf S. 6 zeigt in Querschnittsform b den Körper in seiner neuen Gestalt. An dem prismatischen Teil wurde auf eine Länge von 39 cm über den ganzen Umfang ein Mantel von solcher Stärke entfernt, dass der neue Querschnitt nur rund die Hälfte des ursprünglichen betrug. Alle Körper mit dem verkleinerten Querschnitt haben zur Unterscheidung die Bezeichnung b erhalten. Die sonst schon häufig gemachte Erfahrung, dass die Dichte des Gusseisens von der Gusshaut nach dem Innern zu abnimmt, liess auch hier zum Voraus befürchten, dass die

Materialien in Querschnittsform a und b nicht direkt vergleichbar sein würden. Bei Gusseisenkörper 2 sind über die Verschiedenheit eingehende Versuche angestellt und auf S. 27 u. f. ausführlich besprochen worden. Da alle Körper aus derselben Pfanne gegossen sind und das verwendete Gusseisen nach den sonstigen Erfahrungen sehr gleichartig zu sein pflegt, so dürften die dort erlangten Ergebnisse mit ausreichender Sicherheit auch auf Körper 1 Anwendung finden.

Gusseisenkörper 1.

Querschnittsform b. Fig. 4 (S. 6).

Länge des mittleren prismatischen Teils . . . . . . 39,0 cm

Querschnittsabmessungen des prismatischen Teils

im Mittel . . . . $\begin{cases} a' = 5{,}00 \text{ cm} \\ b' = 5{,}01 \text{ cm} \end{cases}$

Querschnitt . . . . 5,00 · 5,01 = 25,1 qcm

Gewicht in der Luft . . . . . . 23,256 kg

„ unter Wasser . . . . . . 20,024 „

Unterschied . . . . 3,232 kg

spezifisches Gewicht . . . $\frac{23{,}256}{3{,}232} = 7{,}196.$

Die Fortsetzung der Versuche geschah ganz in der S. 7 bis 10 beschriebenen Weise. Es änderte sich nur, entsprechend dem geringeren Eigengewicht des Körpers, die anfängliche Belastung des mittleren Querschnitts. Dieselbe betrug

	halbes Eigengewicht	Messvorrichtung	zusammen
bei Zug . . .	11,6	+ 7,7	= rund 19 kg,
„ Druck . .	11,6	+ 10,8	= rund 22 kg.

Belastungsstufe 4.

Spannung rund 900 kg, Messlänge 35 cm.
Mittlere Temperatur im Versuchsraum 23,4 °C.

Wechsel zwischen Zug und Druck	Reihenfolge der Versuchsreihen	Zug: Belastung {gesamte 19 und 22500 kg, auf den qcm 0,8 „ 896,4 „} Ausdehnung auf 35 cm in $\frac{1}{1200}$ cm			Reihenfolge der Versuchsreihen	Druck: Belastung {gesamte 22 und 22500 kg, auf den qcm 0,9 „ 896,4 „} Zusammendrückung auf 35 cm in $\frac{1}{1200}$ cm		
		gesamte	bleibende	federnde		gesamte	bleibende	federnde
1	1	39,44	1,45	37,99	2	40,11	7,21	32,90
2	3	44,93	6,38	38,55	4	39,37	6,23	33,14
3	5	44,75	6,02	38,73	6	39,06	5,88	33,18
4	7	44,71	5,90	38,81	8	38,97	5,79	33,18
5	9	44,83	5,92	38,91	10	39,11	5,93	33,18
6	11	44,61	5,67	38,94	12	39,01	5,83	33,18
7	13	44,70	5,71	38,99	—	—	—	—

Die Zugfederung wächst von 37,99 auf 38,99, die Druckfederung nur von 32,90 auf 33,18, also erheblich weniger. In Hundertteilen beträgt

$$\text{die Zunahme der Zugfederung } \frac{38,99 - 37,99}{38,99} \, 100 = 2,7 \text{ v. H.},$$

$$\text{die Zunahme der Druckfederung } \frac{33,18 - 32,90}{32,90} \, 100 = 0,9 \text{ v. H.}$$

Die Zugfederung nähert sich langsamer dem Ausgleichszustand als die Druckfederung. Die letztere bleibt sich schon vom 3. Wechsel an gleich, die erstere kommt beim 6. Wechsel noch nicht ganz zur Ruhe. Der Dehnungskoeffizient lässt sich für den Spannungsunterschied 600 und 900 kg/qcm nicht genau berechnen, weil die Federung für die erstere Spannung nur für das Gusseisen mit Querschnittsform a bekannt ist.

Über den Unterschied des Materials in beiden Querschnittsformen sind, wie schon erwähnt, eingehendere Untersuchungen erst bei Körper 2 angestellt worden. Doch sind auch für Körper 1 wenigstens 2 Messungen so durchgeführt worden, dass ausser dem Querschnitt alle übrigen Verhältnisse die gleichen waren. Es sind dies für Querschnitt a die in Tabelle S. 15 gegebenen Versuchswerte, wonach für die Zugspannung 898,2 kg/qcm auf die Messlänge 35 cm die federnde Dehnung $\frac{35,03}{1200}$ cm betrug, und für Querschnitt b die in der vorhergehenden Tabelle (S. 16) aufgeführten Versuchsergebnisse der 1. Zugbelastung, wonach für annähernd dieselben Verhältnisse (Spannung 986,4 kg/qcm, Messlänge 35 cm) die Federung $\frac{37,99}{1200}$ cm betrug. Die Zahlenwerte bestätigen die oben ausgesprochene Vermutung: gegossenes Material ist in seinem Innern weniger dicht, als an seiner Oberfläche. Die spezifischen Gewichte des Gusseisens

Querschnittsform a . . . . $\gamma = 7,200$,
„ b . . . . $\gamma = 7,196$

sind zwar verschieden, jedoch so wenig, dass sich hieraus die gefundene grosse Verschiedenheit der Federungen nicht vermuten liesse.

Ein unmittelbarer Vergleich der Versuchsergebnisse für beide Querschnittsformen ist also nach dem Vorstehenden nicht ohne weiteres zulässig. Es darf aber angenommen werden, dass der Einfluss der verschiedenen Materialdichte sich darauf beschränkt, dass alle für Querschnittsform b gefundenen Ergebnisse *in ganz ähnlicher Weise auch für Querschnittsform a nur bei entsprechend höheren Belastungen ermittelt worden wären.*

Bei den vorhergehenden Belastungsstufen wurde jeweils hervorgehoben, dass die bleibenden Dehnungen bei der 1. Zugbelastung stets grösser ausfallen, als bei allen folgenden. Auf der jetzigen Belastungsstufe ist der Zugrest für die 1. Versuchsreihe kleiner als für alle folgenden. Es bildet dieses Ergebnis aber doch keinen Widerspruch mit dem früheren, weil der Körper in Form a schon derselben Zugbelastung unterworfen worden war (vergl. das S. 15 Bemerkte). Durch Addition würde sich als Gesamtzugrest ergeben $5{,}27 + 1{,}45 = 6{,}72$.

Belastungsstufe 5.

Spannung rund 1200 kg, Messlänge 25,0 cm.
Mittlere Temperatur im Versuchsraum 22,5 °C.

Wechsel zwischen Zug und Druck	Reihenfolge der Versuchsreihen	Zug: Belastung {gesamte 19 und 30000 kg; auf den qcm 0,8 „ 1195,2 „} Ausdehnung auf 25 cm in $\frac{1}{1200}$ cm			Reihenfolge der Versuchsreihen	Druck: Belastung {gesamte 22 und 30000 kg; auf den qcm 0,9 „ 1195,2 „} Zusammendrückung auf 25 cm in $\frac{1}{1200}$ cm		
		gesamte	bleibende	federnde		gesamte	bleibende	federnde
1	1	54,47	14,61	39,96	2	45,15	12,59	32,56
2	3	53,15	12,81	40,34	4	45,04	12,18	32,86
3	5	53,16	12,65	40,51	6	45,44	12,56	32,88
4	7	53,31	12,61	40,70	8	45,46	12,46	33,00
5	9	53,20	12,40	40,80	10	45,43	12,27	33,16
6	11	53,50	12,39	41,11	12	45,35	12,17	33,18
7	13	53,28	12,13	41,15	14	45,28	12,05	33,23

Im ganzen waren 7 Wechsel zwischen Zug und Druck nötig, bis sich die Federungen wenigstens annähernd gleich blieben. Die Zugfederungen nahmen hierbei um $41{,}15 - 39{,}96 = 1{,}19$, die Druckfederungen um $33{,}23 - 32{,}56 = 0{,}67$, also wiederum weit weniger stark zu. Die folgenden Dehnungskoeffizienten sind in derselben Weise berechnet worden wie bei Belastungsstufe 3. Als massgebende Federung für die vorhergehende Stufe wurde hier und im Folgenden stets der durch Wechselbelastung erzeugte Endwert verwendet.

Die Berechnung lieferte für den Spannungsunterschied 896,4 und 1195,2 kg/qcm als Dehnungskoeffizient

bei Zug

für die 1. Zugbelastung (1. Versuchsreihe)

$$\alpha = \frac{39{,}96 - 38{,}99\frac{25}{35}}{1200 \cdot 25} \; \frac{1}{1195{,}2 - 896{,}4} = \frac{1}{740215},$$

nach Erreichung des Endzustandes (13. Versuchsreihe)

$$\alpha = \frac{41{,}15 - 38{,}99\frac{25}{35}}{1200 \cdot 25} \; \frac{1}{1195{,}2 - 896{,}4} = \frac{1}{673985},$$

bei Druck

für die 1. Druckbelastung (2. Versuchsreihe)

$$\alpha = \frac{32{,}56 - 33{,}18\frac{25}{35}}{1200 \cdot 25} \; \frac{1}{1195{,}2 - 896{,}4} = \frac{1}{1011738},$$

nach Erreichung des Endzustandes (14. Versuchsreihe)

$$\alpha = \frac{33{,}23 - 33{,}18\frac{25}{35}}{1200 \cdot 25} \cdot \frac{1}{1195{,}2 - 896{,}4} = \frac{1}{940\,609}.$$

Der Dehnungskoeffizient hat sich hiernach vergrössert

$$\text{bei Zug um } \frac{\frac{1}{673\,985} - \frac{1}{740\,215}}{\frac{1}{740\,215}}\,100 = 9{,}8 \text{ v. H.,}$$

$$\text{bei Druck um } \frac{\frac{1}{940\,609} - \frac{1}{1\,011\,738}}{\frac{1}{1\,011\,738}}\,100 = 7{,}6 \text{ v. H.}$$

Der Zugrest bei der 1. Zugbelastung (1. Versuchsreihe) 14,61 ist wieder deutlich grösser als alle übrigen Reste.

In der folgenden Tabelle I sind die für Körper 1 bestimmten Dehnungskoeffizienten zusammengestellt worden, und zwar enthält:

Spalte 1 den Spannungsunterschied in kg/qcm, für den die Koeffizienten unter Annahme von Proportionalität zwischen Dehnung und Spannung berechnet worden sind,

Spalte 2 die Querschnittsform a bezw. b,

Spalte 3 den Dehnungskoeffizienten gegenüber Zug für den ursprünglichen Zustand des Materials (1. Zugbelastung),

Spalte 4 den durch konstante Wechselbelastung zwischen Zug und Druck vergrösserten Dehnungskoeffizienten gegenüber Zug (Endzustand),

Spalte 5 die Vergrösserung des Dehnungskoeffizienten gegenüber Zug v. H. des ursprünglichen Zustandes; die Zahlen sind in der Tabelle durch starken Druck hervorgehoben, weil sie die vollständige Veränderung vom ursprünglichen Zustande bis zu dem durch Wechselbelastung hervorgerufenen Endzustande darstellen,

Spalte 6 den Dehnungskoeffizienten gegenüber Druck für die 1. Druckbelastung; es ist schon erwähnt worden, dass diese Zahlen, im Gegensatze zu den Werten in Spalte 3, nicht genau den ursprünglichen Zustand des Materials wiedergeben, weil die der 1. Druckbelastung vorausgegangene 1. Zugbelastung das Material voraussichtlich schon verändert hat,

Spalte 7 den durch konstante Wechselbelastung zwischen Zug und Druck vergrösserten Dehnungskoeffizienten gegenüber Druck,

Spalte 8 die Vergrösserung des Dehnungskoeffizienten gegenüber Druck; die Werte sind eingeklammert, weil sie nicht über die vollständige Veränderung vom ursprünglichen Zustande an Auskunft geben (s. die Bemerkung zu Spalte 6),

Spalte 9 den Unterschied der Zug- und Druckelastizität in Hundertteilen der letzteren nach Erreichung des Endzustandes.

Tabelle I.

Veränderung des Dehnungskoeffizienten für Gusseisen durch konstante Wechselbelastung zwischen Zug und Druck auf verschiedenen Belastungsstufen.

Körper 1 (sämtliche Belastungsstufen sind mit Zug begonnen worden).

Spannungsunterschied kg/qcm	Querschnittsform	Dehnungskoeffizient gegenüber Zug			Dehnungskoeffizient gegenüber Druck			Unterschied von Zug- und Druckelastizität, v. H. der letzteren für den Endzustand Spalte 4 und 7
		ursprünglicher Zustand des Materials (1. Zugbelastung)	durch Belastungswechsel erzeugter Endzus'and	Zunahme v. H. der ursprünglichen Elastizität	1. Druckbelastung (nicht genau ursprünglicher Zustand des Materials)[1]	durch Belastungswechsel erzeugter Endzustand	Zunahme v. H. der kleineren Elastizität	
1	2	3	4	5	6	7	8	9
0,5 u. 149,7	a	$\frac{1}{1\,272\,495}$	$\frac{1}{1\,272\,495}$	—	$\frac{1}{1\,272\,495}$	$\frac{1}{1\,272\,495}$	—	—
149,7 „ 299,4	a	$\frac{1}{1\,203\,226}$	$\frac{1}{1\,203\,226}$	—	$\frac{1}{1\,203\,226}$	$\frac{1}{1\,203\,226}$	—	—
299,4 „ 598,8	a	$\frac{1}{1\,091\,705}$	$\frac{1}{1\,062\,016}$	2,8	$\frac{1}{1\,203\,570}$	$\frac{1}{1\,190\,063}$	(1,1)	12,1
896,4 „ 1195,2	b	$\frac{1}{740\,215}$	$\frac{1}{673\,985}$	9,8	$\frac{1}{1\,011\,738}$	$\frac{1}{940\,609}$	(7,6)	39,6

Anhand der Tabelle lässt sich zusammenfassend für das untersuchte Gusseisen folgendes Ergebnis gewinnen.

1. Der Dehnungskoeffizient der Federung ist, wie schon bekannt, sowohl gegenüber Zug, wie gegenüber Druck, abhängig von der Grösse der Spannung: er wird grösser mit steigender Spannung.

   Die Zunahme des Dehnungskoeffizienten mit der Spannung ist für das untersuchte, sogenannte hochwertige Gusseisen nicht so gross wie für gewöhnliches graues Gusseisen, was von dem hohen Schmiedeisengehalt des ersteren herrühren dürfte.

2. Bis zu der Spannung rund 300 kg/qcm (Querschnittsform a) sind die Dehnungskoeffizienten für Zug und Druck so gut wie gleich gross.

---

[1]) Vergl. hierzu die Bemerkungen auf S. 13.

Diese Eigentümlichkeit ist für gewöhnliches Gusseisen, wenn überhaupt, nur für sehr niedrige Spannungen zu erwarten[1]).

3. Oberhalb der letztgenannten Spannungsgrenze ist der Dehnungskoeffizient gegenüber Zug grösser als gegenüber Druck.

4. Fortgesetzte, konstante Wechselbelastung zwischen Zug und Druck verändert den Dehnungskoeffizienten bis rund 300 kg/qcm Spannung (Querschnittsform a) so gut wie nicht; oberhalb dieser Spannung wird derselbe dagegen um einen ganz bestimmten Betrag vergrössert. Diese Vergrösserung beginnt bei Zug etwas früher als bei Druck und nimmt mit steigender Spannung zu.

Nach Tabelle I nimmt der Dehnungskoeffizient für Zug auf derselben Spannungsstufe um einen grösseren Betrag zu als derjenige für Druck. Man könnte deshalb zu dem Schlusse versucht sein, die Zugelastizität sei einer Wechselbelastung gegenüber empfindlicher als die Druckelastizität. Man muss jedoch im Auge behalten, dass, wie bei der Inhaltsangabe von Tabelle I ausdrücklich hervorgehoben wurde, die Zahlen in Spalte 5 die vollständige Zunahme des Dehnungskoeffizienten vom ursprünglichen Zustande an, die Zahlen in Spalte 8 nur von der 1. Druckbelastung an darstellen. Es ist leicht möglich, dass die Differenz der Zunahme der beiden Elastizitäten die Veränderung des Dehnungskoeffizienten durch die 1. Zugbelastung darstellt.

Auf Tafel 1 sind in der üblichen Weise zu den Spannungen als senkrechte Abszissen die bei den Messungen an Körper 1 erhaltenen Federungen als wagrechte Ordinaten aufgetragen worden, und zwar, um den Einfluss der Wechselbelastung zwischen Zug und Druck erkennen zu lassen, jeweils für den ursprünglichen Zustand (1. Zugbelastung und 1. Druckbelastung)[2]) und für den durch Wechselbelastung hervorgerufenen Endzustand. Beim letzteren wurde von den in Betracht kommenden ähnlichen Werten immer der grösste gewählt.

Die Kurven zeigen den für Gusseisen charakteristischen Verlauf, sie kehren ihre hohle Seite der wagrechten Ordinatenachse zu. Ihre Krümmung ist im Vergleich zu derjenigen für gewöhnliches Gusseisen ziemlich schwach; beim Übergang von Querschnittsform a zu b wird sie plötzlich stärker, was durch die geringere Dichte des Gusseisens in Querschnittsform b verursacht wird. Auf die in der Figur schraffierte Fläche fallen sämtliche bei Wechselbelastung zwischen Zug und Druck erhaltenen Messungsergebnisse. Der Flächenstreifen erbreitert sich von

---

[1]) Vergl. Abschnitt IV, S. 54.

[2]) Dass die Messungen bei der 1. Druckbelastung nicht genau den ursprünglichen Materialzustand wiedergeben, ist schon mehrfach hervorgehoben worden.

unten nach oben, d. h. die Vergrösserung der Elastizität durch konstante Wechselbelastung wird mit steigender Spannung immer grösser (vergleiche auch Tabelle I, Spalte 5 und 8).

Tabelle II.

Bleibende Formänderungen in $\frac{1}{1200}$ cm.

Gusseisenkörper 1.

Sämtliche Belastungsstufen sind mit Zug begonnen worden.

Spannungs-unterschied kg/qcm	Querschnittsform	Messlänge cm	ursprünglicher Zustand des Materials für Zug (Zugreste)	Durch Wechselbelastung zwischen Zug und Druck erzeugter Endzustand		Unterschied der Werte in Spalte 4 und 5 v. H. der Werte in Spalte 4
				Zug(reste)	Druck(reste)	
1	2	3	4	5	6	7
0,5 und 149,7	a	50,0	0,43	0,27	0,28	37,2
0,5 „ 299,4	a	50,0	1,08	0,75	0,69	30,5
0,5 „ 598,8	a	50,0	3,37	2,61	2,65	22,6
0,8 „ 896,4	b	35,0	6,72 [1])	5,67	5,79	—
0,8 „ 1195,2	b	25,0	14,61	12,13	12,17	17,0

In vorstehender Tabelle II sind noch die bleibenden Formänderungen für Körper 1 zusammengestellt worden. Es enthält

Spalte 1 den Spannungsunterschied in kg/qcm, für den sich die Formänderungen ergeben haben,

Spalte 2 die Querschnittsform a oder b,

Spalte 3 die Messlänge in cm,

Spalte 4 die bleibenden Formänderungen, welche sich für den ursprünglichen Zustand des Materials ergeben haben, allerdings nur für Zug, weil das Material sich nur bei der 1. Zugbelastung im Ursprungszustande befand,

Spalte 5 und 6 die bleibenden Formänderungen, die das Material am Ende einer fortgesetzten Wechselbelastung zwischen Zug und Druck aufweist; hierbei sind für die Zugreste immer die kleinsten Versuchswerte, für die Druckreste die diesen Kleinstwerten am nächsten kommenden ausgewählt worden,

Spalte 7 die Veränderung der bleibenden Formänderungen in Hundertteilen des ursprünglichen Wertes, nur für Zug (vergl. Spalte 4).

Die Zusammenstellung liefert das merkwürdige Ergebnis, dass die Zugreste im anfänglichen Zustande des Materials (Spalte 4) stets grösser sind als diejenigen, welche sich unter fortgesetzter Wechselbelastung (Spalte 5) ausbilden. Nach Spalte 7

[1]) Vergleiche über die Entstehung des Wertes das S. 7 unten Gesagte.

ist der Unterschied nicht für alle Belastungsstufen konstant, sondern für kleine Belastungen am grössten für grosse am kleinsten.

Man kann sich diese Erscheinung daraus erklären, dass die durch die 1. Zugbelastung hervorgerufene bleibende Verlängerung durch Druckbelastung derselben Grösse nicht mehr zurückgebildet werden kann; infolgedessen kann sich auch bei der folgenden (2.) Zugbelastung nur wieder der durch die vorhergehende (1.) Druckbelastung zurückgebildete Betrag von neuem ausbilden. In der That sind auch die Zug- und Druckreste bei fortgesetzter Wechselbelastung nach Spalte 5 und 6 von Tabelle II so gut wie gleich. Die angegebenen Werte sind zwar nicht durch Versuche gewonnen, welche unmittelbar aufeinander folgen, sie sind vielmehr nach den zu Spalte 5 und 6 S. 22 gemachten Angaben ausgewählt worden. Unmittelbar aufeinander folgende Versuche geben nicht immer so gut übereinstimmende Werte, doch bleiben auch hier die Unterschiede im Hinblick auf die S. 14 und 15 ausführlich besprochenen Fehlerquellen in solchen Grenzen, dass kein Grund zu einer anderen Annahme vorliegt.

Der bemerkenswerte Umstand, dass der Unterschied der Zugreste für den Anfangs- und Endzustand nach Spalte 7 nicht für alle Belastungsstufen konstant ist, sondern mit steigender Belastung abnimmt, gibt noch zu der Vermutung Anlass, dass die durch eine bestimmte Zugbelastung hervorgerufene bleibende Verlängerung durch Druckbelastung derselben Grösse bei niederen Belastungen weniger rückbildungsfähig ist als bei hohen, oder anders ausgedrückt, dass die gegenüber der Ausbildung bleibender Formänderungen bestehende Verschiedenheit von Zug- und Druckbelastung bei niederen Spannungen am grössten ist und mit steigender Belastung immer mehr verschwindet.

Auf Tafel 1 sind ausser den schon besprochenen Federungen auch noch die bleibenden Formänderungen und zwar die in Tabelle II angegebenen Werte eingetragen worden. Die für Zug erhaltenen Kurven lassen die Veränderung der Zugreste durch Wechselbelastung gegenüber dem ursprünglichen Zustande deutlich erkennen. Bei Druck sind nur die Reste für den Endzustand bei Wechselbelastung eingezeichnet worden.

Gusseisenkörper 2.

Körper 2 wurde genau denselben Untersuchungen unterworfen wie Körper 1, mit dem einen Unterschiede, dass sämtliche Belastungsstufen mit Druck begonnen wurden. Wo es nach den Erfahrungen mit Körper 1 nötig schien, wurde eine Belastungsstufe eingeschoben. Ausserdem wurde beim Übergang von Querschnittsform a zu b das zu erwartende andere Verhalten des weniger dichten Materials (s. S. 27 u. f.) genau festgestellt.

Querschnittsform a. Fig. 4 (S. 6).

Die Längenabmessungen gibt die Abbildung.

Querschnittsabmessungen des prismatischen Teils im Mittel . . $\begin{cases} a = 7{,}06 \text{ cm} \\ b = 7{,}09 \text{ cm} \end{cases}$

Querschnitt . . . . . 7,06 · 7,09 = 50,1 qcm

Gewicht in der Luft . . . . . . 30,515 kg

„ unter Wasser . . . . . 26,277 „

Unterschied . . . . 4,238 kg

spezifisches Gewicht . . . . $\frac{30{,}515}{4{,}238} = 7{,}200.$

Belastung des mittleren Querschnitts durch Eigengewicht und Messvorrichtung genau wie bei Körper 1 (vergl. S. 8 bei Druck, S. 7 bei Zug).

Belastungsstufe 1.

Spannung rund 150 kg, Messlänge 50,0 cm.
Mittlere Temperatur im Versuchsraum 24,1 °C.

Wechsel zwischen Druck und Zug	Reihenfolge der Versuchsreihen	Druck: Belastung {gesamte 26 und 7500 kg, auf den qcm 0,5 „ 149,7 „}; Zusammendrückung auf 50 cm in $\frac{1}{1200}$ cm			Reihenfolge der Versuchsreihen	Zug: Belastung {gesamte 23 und 7500 kg, auf den qcm 0,5 „ 149,7 „}; Ausdehnung auf 50 cm in $\frac{1}{1200}$ cm		
		gesamte	bleibende	federnde		gesamte	bleibende	federnde
1	1	7,00	0,00	7,00	2	7,37	0,42	6,95
2	3	7,21	0,19	7,02	4	7,39	0,39	7,00
3	5	7.28	0,24	7,04	6	7,38	0,42	6,96
4	7	7,27	0,24	7,03	8	7,37	0,42	6,95
		Mittlere Federung		7,02		Mittlere Federung		6,98

Wie ersichtlich, wurde im ganzen viermal zwischen Druck und Zug gewechselt. Die Federungen haben sich dabei sowohl für Druck und Zug unter sich, wie gegenseitig ziemlich gleich ergeben. In Übereinstimmung mit dem Ergebnis von Körper 1 S. 10 ist aber wieder die Druckfederung stets etwas grösser als die Zugfederung; der Unterschied der Mittelwerte beträgt für Körper 2

$$\frac{7{,}02 - 6{,}98}{7{,}02} = 0{,}6 \text{ v. H.}$$

Bei Körper 1 betrug er nur 0,4 v. H.

Die mittlere Federung aus sämtlichen Messungen $\frac{7{,}02 + 6{,}98}{2} = 7{,}00$ liefert für den Spannungsunterschied 0,5 und 149,7 kg den Dehnungskoeffizienten

$$\alpha = \frac{7{,}00}{1200 \cdot 50} \; \frac{1}{149{,}7 - 0{,}5} = \frac{1}{1\,278\,857}.$$

Im Gegensatze zu den Versuchen mit Körper 1 gibt jetzt die 1. Druckbelastung das Verhalten des Materials für den ursprünglichen Zustand, während umgekehrt die 1. Zugbelastung (2. Versuchsreihe) Werte liefert, die schon als verändert anzusehen sind. Bei der ersten Druckbelastung haben sich keine bleibenden Formänderungen ergeben, dagegen bei den folgenden Belastungswechseln. Die Zugreste sind hierbei durchweg etwas grösser als die Druckreste.

Belastungsstufe 2.

Spannung rund 300 kg, Messlänge 50 cm.
Mittlere Temperatur im Versuchsraum 24,3 °C.

Wechsel zwischen Druck und Zug	Reihenfolge der Versuchsreihen	Druck Belastung {gesamte 26 und 15000 kg; auf den qcm 0,5 „ 299,4 „} Zusammendrückung auf 50 cm in $\frac{1}{1200}$ cm			Reihenfolge der Versuchsreihen	Zug Belastung {gesamte 23 und 15000 kg; auf den qcm 0,5 „ 299,4 „} Ausdehnung auf 50 cm in $\frac{1}{1200}$ cm		
		gesamte	bleibende	federnde		gesamte	bleibende	federnde
1	1	14,85	0,56	14,29	2	15,46	1,09	14,37
2	3	15,22	0,85	14,37	4	15,19	0,81	14,38
3	5	15,19	0,83	14,36	6	15,19	0,79	14,40
4	7	15,02	0,66	14,36	8	15,19	0,80	14,39
5	9	15,01	0,65	14,36	10	15,21	0,80	14,41
	Mittel aus den 4 letzten Federungen			14,36		Mittlere Federung		14,39

Die Federungen ändern sich wieder nur ganz unerheblich durch fortgesetzte Wechselbelastung. Das Grössersein der Druckelastizität hat bereits aufgehört, Zug- und Druckfederung stimmen abgesehen vom 1. Wechsel ziemlich gut überein. Die mittlere Federung aus sämtlichen Werten $\frac{14,36 + 14,39}{2} = 14,375$ liefert für den Spannungsunterschied 149,7 und 299,4 kg/qcm den Dehnungskoeffizienten

$$\alpha = \frac{14,375 - 7,00}{1200 \cdot 50} \quad \frac{1}{299,4 - 149,7} = \frac{1}{1217898}.$$

Auch bei Belastungsstufe 2 zeigt sich deutlich, dass die bleibende Formänderung bei der 1. Druckbelastung (ursprünglicher Zustand des Materials) kleiner ist als alle übrigen Reste.

Belastungsstufe 3.

Spannung rund 450 kg, Messlänge 50 cm.
Mittlere Temperatur im Versuchsraum 24,5 °C.

Wechsel zwischen Druck und Zug	Reihenfolge der Versuchsreihen	Druck Belastung {gesamte 26 und 22500 kg; auf den qcm 0,5 „ 449,1 „} Zusammendrückung auf 50 cm in $\frac{1}{1200}$ cm			Reihenfolge der Versuchsreihen	Zug Belastung {gesamte 23 und 22500 kg; auf den qcm 0,5 „ 449,1 „} Ausdehnung auf 50 cm in $\frac{1}{1200}$ cm		
		gesamte	bleibende	federnde		gesamte	bleibende	federnde
1	1	23,19	1,41	21,78	2	24,75	2,46	22,29
2	3	23,43	1,63	21,80	4	24,28	1,87	22,41
3	5	23,56	1,76	21,80	6	23,98	1,60	22,38
4	7	23,33	1,52	21,81	8	23,83	1,41	22,42
5	9	23,33	1,52	21,81	10	23,85	1,44	22,41
	Mittlere Federung			21,80	Mittel aus den 4 letzten Federungen			22,40

Auf der vorhergehenden Belastungsstufe war Zug- und Druckelastizität noch ziemlich gleich. Hier zeigt sich gleich bei den zwei ersten Messungen ein merkbarer Unterschied. Unter sich stimmen die Druckfederungen sehr gut überein, die Zugfederungen nehmen ganz wenig zu. Man darf wohl annehmen, dass für das untersuchte Gusseisen die Veränderung der Zugelastizität durch fortgesetzte Wechselbelastung etwa bei der Spannung 450 kg/qcm beginnt.

Bei der folgenden Berechnung der Dehnungskoeffizienten ist zwar zwischen Zug und Druck unterschieden, die sehr kleine Zunahme der Zugelastizität aber noch nicht berücksichtigt worden. Es liefert für den Spannungsunterschied 299,4 und 449,1 kg/qcm

die mittlere Federung bei Druck

$$\alpha = \frac{21,80 - 14,375}{1200 \cdot 50} \frac{1}{449,1 - 299,4} = \frac{1}{1209697},$$

die mittlere Federung bei Zug

$$\alpha = \frac{22,40 - 14,375}{1200 \cdot 50} \frac{1}{449,1 - 299,4} = \frac{1}{1117859}$$

Die bleibende Formänderung bei der ersten Druckbelastung ist kleiner als bei allen folgenden Belastungen.

Belastungsstufe 4.

Spannung rund 600 kg, Messlänge 50 cm.

Mittlere Temperatur im Versuchsraum 23,7 °C.

Wechsel zwischen Druck und Zug	Reihenfolge der Versuchsreihen	Druck. Belastung {gesamte 26 und 30000 kg; auf den qcm 0,5 „ 598,8 „}. Zusammendrückung auf 50 cm in $\frac{1}{1200}$ cm			Reihenfolge der Versuchsreihen	Zug. Belastung {gesamte 23 und 30000 kg; auf den qcm 0,5 „ 598,8 „}. Ausdehnung auf 50 cm in $\frac{1}{1200}$ cm		
		gesamte	bleibende	federnde		gesamte	bleibende	federnde
1	1	31,84	2,50	29,34	2	34,53	3,51	31,02
2	3	32,25	2,77	29,48	4	34,02	2,83	31,19
3	5	32,20	2,64	29,56	6	34,01	2,82	31,19
4	7	32,09	2,54	29,55	8	34,02	2,83	31,19
5	9	32,04	2,50	29,54	10	33,95	2,74	31,21

Auf dieser Belastungsstufe vergrössert sich auch die Druckfederung, und zwar absolut etwa in demselben Masse wie die Zugfederung. Für den Spannungsunterschied 449,1 und 598,8 kg/qcm liefern die federnden Zusammendrückungen

bei der 1. Druckbelastung (ursprünglicher Zustand des Materials)

$$\alpha = \frac{29,34 - 21,80}{1200 \cdot 50} \frac{1}{598,8 - 449,1} = \frac{1}{1191247},$$

nach Erreichung des Endzustandes

$$\alpha = \frac{29,56 - 21,80}{1200 \cdot 50} \frac{1}{598,8 - 449,1} = \frac{1}{1157474}$$

und die federnden Dehnungen

bei der 1. Zugbelastung

$$\alpha = \frac{31{,}02 - 22{,}41}{1200 \cdot 50} \frac{1}{598{,}8 - 449{,}1} = \frac{1}{1043206},$$

nach Erreichung des Endzustandes

$$\alpha = \frac{31{,}21 - 22{,}41}{1200 \cdot 50} \frac{1}{598{,}8 - 449{,}1} = \frac{1}{1020682}.$$

Damit berechnet sich die Vergrösserung des Dehnungskoeffizienten

bei Druck zu 2,9 v. H.,
bei Zug zu 2,0 v. H.

Gusseisenkörper 2.

Querschnittsform b. Fig. 4 (S. 6).

Querschnittsabmessungen des prismatischen Teils im Mittel . . $\left\{ \begin{array}{l} a' = 5{,}00 \text{ cm} \\ b' = 4{,}99 \text{ ,,} \end{array} \right.$

Querschnitt . . . . 5,00 · 4,99 = 25,0 qcm
Gewicht in der Luft . . . . . . 23,206 kg
,, unter Wasser . . . . . . 19,982 ,,
Unterschied . . . . 3,224 kg
spezifisches Gewicht. . . . $\frac{23{,}206}{3{,}224} = 7{,}198.$

Belastung des mittleren Querschnitts durch Eigengewicht und Messvorrichtung genau wie bei Körper 1 (vergl. S. 16).

Um genauen Aufschluss über den Unterschied des Materials in beiden Querschnittsformen zu erhalten, wurde Körper 2 vor Verkleinerung des Querschnitts am Schlusse von Belastungsstufe 4 auf die Messlänge 35 cm nochmals für 2 Belastungsstufen (2. u. 4.) auf seine Elastizität untersucht. Genau derselbe Versuch wurde wiederholt, nachdem der Körper durch Abhobeln die Querschnittsform b erhalten hatte. Das Ergebnis dieser Untersuchungen war folgendes:

1. Ursprüngliche Querschnittsform a.

Mittlere Temperatur im Versuchsraum 23,4 °C.

Spannungs-unterschied in kg	Druck Zusammendrückung auf 35 cm in $\frac{1}{1200}$ cm			Zug Ausdehnung auf 35 cm in $\frac{1}{1200}$ cm		
	gesamte	bleibende	federnde	gesamte	bleibende	federnde
0,5 und 299,4	11,13	0,96	10,17	11,45	0,99	10,46
0,5 „ 598,8	22,42	1,74	20,68	23,68	1,83	21,85

2. Neue Querschnittsform b.
Mittlere Temperatur im Versuchsraum 22,0 °C.

Spannungs-unterschied in kg	Druck Zusammendrückung auf 35 cm in $\frac{1}{1200}$ cm			Zug Ausdehnung auf 35 cm in $\frac{1}{1200}$ cm		
	gesamte	bleibende	federnde	gesamte	bleibende	federnde
0,8 und 300				12,20	1,17	11,03
0,9 „ 300	11,70	1,14	10,56			
0,8 „ 600				25,59	2,12	23,47
0,9 „ 600	23,82	2,24	21,58			

Die gesamten, bleibenden und federnden Formänderungen sind hiernach für das Material mit Querschnitt b für dieselbe Spannung erheblich grösser als mit a. Beispielsweise beträgt für die Spannung rund 600 kg/qcm

die Zunahme der Druckfederung $\frac{21,58 - 20,68}{20,68}\,100 = 4,3$ v. H.,

„ „ „ Zugfederung $\frac{23,47 - 21,85}{21,85}\,100 = 7,4$ v. H.,

„ „ „ Druckreste $\frac{2,24 - 1,74}{1,74}\,100 = 2,9$ v. H.,

„ „ „ Zugreste $\frac{2,12 - 1,83}{1,83}\,100 = 1,5$ v. H.

Merkwürdigerweise nehmen Zug- und Druckfederungen um verschiedene Beträge zu. Es scheint, dass der Unterschied zwischen Zug- und Druckelastizität bei weniger dichtem Material grösser ist (vergl. auch noch die Ausführungen S. 17 für Körper 1).

Belastungsstufe 5.

Spannung 900 kg, Messlänge 35 cm.
Mittlere Temperatur im Versuchsraum 24,9 °C.

Wechsel zwischen Druck und Zug	Reihenfolge der Versuchsreihen	Druck Belastung {gesamte 22 und 22500 kg; auf den qcm 0,9 „ 900 „} Zusammendrückung auf 35 cm in $\frac{1}{1200}$ cm			Reihenfolge der Versuchsreihen	Zug Belastung {gesamte 19 und 22500 kg; auf den qcm 0,8 „ 900 „} Ausdehnung auf 35 cm in $\frac{1}{1200}$ cm		
		gesamte	bleibende	federnde		gesamte	bleibende	federnde
1	1	37,08	4,19	32,89	2	47,10	8,39	38,71
2	3	40,18	6,83	33,35	4	45,81	6,77	39,04
3	5	39,95	6,57	33,38	6	45,58	6,39	39,19
4	7	39,83	6,30	33,53	8	45,50	6,29	39,21
5	9	39,53	6,01	33,52	10	45,26	5,88	39,38
6	11	39,66	6,09	33,57	12	45,48	6,03	39,45
7	13	39,34	5,78	33,56	14	45,10	5,66	39,44

Die absolute Zunahme der Federungen ist für Zug und Druck wieder ziemlich gleich. Für den Spannungsunterschied 600 und 900 kg/qcm liefern

die federnden Zusammendrückungen

bei der 1. Druckbelastung (ursprünglicher Zustand des Materials)

$$\alpha = \frac{32{,}89 - 21{,}58}{1200 \cdot 35} \quad \frac{1}{900 - 600} = \frac{1}{1114058},$$

nach Erreichung des Endzustandes

$$\alpha = \frac{33{,}57 - 21{,}58}{1200 \cdot 35} \quad \frac{1}{900 - 600} = \frac{1}{1050876},$$

die federnden Dehnungen

bei der 1. Zugbelastung

$$\alpha = \frac{38{,}71 - 23{,}47}{1200 \cdot 35} \quad \frac{1}{900 - 600} = \frac{1}{826772},$$

nach Erreichung des Endzustands

$$\alpha = \frac{39{,}45 - 23{,}47}{1200 \cdot 35} \quad \frac{1}{900 - 600} = \frac{1}{788423}.$$

Der Dehnungskoeffizient hat zugenommen

bei Druck um 6,0 v. H.,

bei Zug um 4,9 v. H.

Die Druckelastizität wird also verhältnismässig mehr vergrössert als die Zugelastizität.

Der Druckrest bei der 1. Druckbelastung 4,19 ist jetzt ganz erheblich kleiner als alle übrigen Reste, namentlich auch als der Zugrest bei der 1. Zugbelastung 8,39. Die letztere Verschiedenheit rührt voraussichtlich daher, dass die Spannung 900 kg/qcm sich derjenigen Grenzspannung, bei der die Widerstandsfähigkeit des Materials gegenüber Zug erschöpft ist, viel näher befindet als derselben Grenzspannung für Druck.

Belastungsstufe 6.

Spannung 1200 kg, Messlänge 25 cm.

Mittlere Temperatur im Versuchsraum 22,9 °C.

Wechsel zwischen Druck und Zug	Reihenfolge der Versuchsreihen	Druck. Belastung {gesamte 22 und 30000 kg; auf den qcm 0,9 „ 1200 „}. Zusammendrückung auf 25 cm in $\frac{1}{1200}$ cm: gesamte	bleibende	federnde	Reihenfolge der Versuchsreihen	Zug. Belastung {gesamte 19 und 30000 kg; auf den qcm 0,8 „ 1200 „}. Ausdehnung auf 25 cm in $\frac{1}{1200}$ cm: gesamte	bleibende	federnde
1	1	38,32	6,19	32,13	2	54,18	13,74	40,44
2	3	44,81	12,03	32,78	4	53,35	12,66	40,69
3	5	44,69	11,80	32,89	6	53,81	12,71	41,10
4	7	45,08	12,10	32,98	8	53,57	12,35	41,22
5	9	45,17	12,11	33,06	10	53,62	12,32	41,30
6	11	45,06	11,93	33,13	12	53,67	12,36	41,31
7	13	45,02	11,87	33,15	14	53,03	11,88	41,15

Während auf den vorhergehenden Belastungsstufen die absolute Zunahme der Zug- und Druckfederungen nur wenig verschieden war, ergibt sich für die Spannung 1200 kg/qcm die absolute Vergrösserung der Druckelastizität merkbar grösser.

Für den Spannungsunterschied 900 und 1200 kg liefern die federnden Zusammendrückungen

bei der 1. Druckbelastung

$$\alpha = \frac{32{,}13 - \frac{25}{35}\,33{,}57}{1200 \cdot 25} \; \frac{1}{1200 - 900} = \frac{1}{1104294},$$

nach Erreichung des Endzustands

$$\alpha = \frac{33{,}15 - \frac{25}{35}\,33{,}57}{1200 \cdot 25} \; \frac{1}{1200 - 900} = \frac{1}{981461},$$

die federnden Dehnungen

bei der 1. Zugbelastung

$$\alpha = \frac{40{,}44 - \frac{25}{35}\,39{,}45}{1200 \cdot 25} \; \frac{1}{1200 - 900} = \frac{1}{733496},$$

nach Erreichung des Endzustands

$$\alpha = \frac{41{,}31 - \frac{25}{35}\,39{,}45}{1200 \cdot 25} \; \frac{1}{1200 - 900} = \frac{1}{684931}.$$

Es beträgt die Zunahme des Dehnungskoeffizienten

bei Druck 12,5 v. H.,

bei Zug 7,1 v. H.

Der Druckrest bei der 1. Druckbelastung 6,19 beträgt nur rund die Hälfte vom Zugrest bei der 1. Zugbelastung 13,74. Man muss daraus schliessen, dass die ursprünglichen bleibenden Formänderungen gegenüber Zug und Druck um so mehr verschieden werden, je näher man der Grenzspannung kommt, bei der die Widerstandsfähigkeit des Gusseisens gegenüber Zug erschöpft ist.

Tabelle III S. 31 gibt eine Zusammenstellung der für Körper 2 bestimmten Dehnungskoeffizienten. Dieselbe unterscheidet sich nach Inhalt und Anordnung von Tabelle I (S. 20) nur dadurch, dass Zug- und Druckelastizität vertauscht sind, entsprechend dem Umstande, dass alle Untersuchungen an Körper 2 mit Druck begonnen wurden. Im übrigen darf auf die Inhaltsbeschreibung zu Tabelle I S. 19 verwiesen werden.

Die in Tabelle III niedergelegten Ergebnisse bilden im Wesentlichen eine Bestätigung der an Körper 1 gewonnenen Versuchsresultate. Die letzteren sind im Anschluss an Tabelle I auf S. 20 und 21 zusammengestellt worden.

Ziffer 1 bis 3 dieser Zusammenstellung gilt ohne weiteres auch für Körper 2. Zu Ziffer 4 betreffend die Veränderung des Dehnungskoeffizienten durch fortgesetzte Wechselbelastung zwischen Zug und Druck ist Folgendes ergänzend hinzuzufügen.

Für Körper 1 ergab sich die Zunahme des Dehnungskoeffizienten gegenüber Zug auf allen Belastungsstufen grösser als gegenüber Druck (vergl. Tabelle I). Tabelle III zeigt für Körper 2 gerade das Gegenteil.

Tabelle III.

Veränderung der Dehnungskoeffizienten für Gusseisen durch konstante Wechselbelastung zwischen Druck und Zug auf verschiedenen Belastungsstufen.

Körper 2 (sämtliche Belastungsstufen sind mit Druck begonnen worden).

Spannungsunterschied kg/qcm	Querschnittsform	Dehnungskoeffizient gegenüber Druck			Dehnungskoeffizient gegenüber Zug			Unterschied von Zug- und Druckelastizität, v. H. der letzteren für den Endzustand Spalte 4 und 7
		ursprünglicher Zustand des Materials (1. Druckbelastung)	durch Belastungswechsel erzeugter Endzustand	Zunahme v. H. der ursprünglichen Elastizität	1. Zugbelastung (nicht genau ursprünglicher Zustand des Materials)	durch Belastungswechsel erzeugter Endzustand	Zunahme v. H. der kleineren Elastizität	
1	2	3	4	5	6	7	8	9
0,5 u. 149,7	a	$\frac{1}{1\,278\,857}$	$\frac{1}{1\,278\,857}$	—	$\frac{1}{1\,287\,857}$	$\frac{1}{1\,278\,857}$	—	—
149,7 „ 299,4	a	$\frac{1}{1\,217\,898}$	$\frac{1}{1\,217\,898}$	—	$\frac{1}{1\,217\,898}$	$\frac{1}{1\,217\,898}$	—	—
299,4 „ 449,1	a	$\frac{1}{1\,209\,697}$	$\frac{1}{1\,209\,697}$	—	$\frac{1}{1\,117\,859}$	$\frac{1}{1\,117\,859}$	—	8,2
449,1 „ 598,8	a	$\frac{1}{1\,191\,247}$	$\frac{1}{1\,157\,474}$	**2,9**	$\frac{1}{1\,043\,206}$	$\frac{1}{1\,022\,995}$	(2,0)	13,2
600 „ 900	b	$\frac{1}{1\,114\,058}$	$\frac{1}{1\,050\,876}$	**6,0**	$\frac{1}{826\,772}$	$\frac{1}{788\,423}$	(4,9)	33,3
900 „ 1200	b	$\frac{1}{1\,104\,294}$	$\frac{1}{981\,461}$	**12,5**	$\frac{1}{733\,496}$	$\frac{1}{684\,931}$	(7,1)	43,3

Die Zunahme der Druckelastizität (Spalte 5) ist durchweg grösser als diejenige der Zugelastizität. Dieses Ergebnis führt zu dem Schlusse, dass die verschiedene Veränderung der beiden Elastizitäten in der Hauptsache von der verschiedenen Prüfungsweise beider Körper herrührt. Bei Körper 1 wurden sämtliche Untersuchungen mit Zug begonnen, dementsprechend ergab sich die Zunahme der Zugelastizität am grössten; bei Körper 2 wurden umgekehrt sämtliche Untersuchungen mit Druck begonnen, dementsprechend war auch die Zunahme der Druckelastizität am grössten. Diese grösseren in den Tabellen I u. III durch stärkeren Druck hervorgehobenen Zahlenwerte stellen jeweils die gesamte Veränderung der Elastizität vom Ursprungs- bis zum Endzustand dar. Bei den kleineren Zahlenwerten fehlt voraussichtlich immer die Veränderung des Dehnungskoeffizienten durch die unmittelbar vorausgegangene Belastung, d. h. bei Körper 1 die Veränderung der Druckelastizität durch die 1. Zugbelastung, bei Körper 2 die Veränderung der Zugelastizität durch die 1. Druckbelastung.

Die durch Untersuchungen an demselben Körper gefundene Verschiedenheit in der Veränderung des Dehnungkoeffizienten für Zug und Druck ist demnach nur eine scheinbare. Vergleicht man die in den Tabellen I und III hervorgehobenen Zahlenwerte, welche jeweils die gesamte Veränderung der Elastizität vom anfänglichen Zustande aus, allerdings nicht für den gleichen Körper darstellen, so erkennt man, dass bis zu der Spannung 600 kg/qcm die Veränderung von Zug- und Druckelastizität ziemlich gleich ist. Oberhalb dieser Grenze zeigt sich ein merkbarer Unterschied. Beispielsweise beträgt bei 1200 kg/qcm die Zunahme der Druckelastizität 12,5 v. H., diejenige der Zugelastizität nur 9,8 v. H. Ob dieser Unterschied, wonach die Druckelastizität gegen Wechselbelastung oberhalb einer bestimmten Spannungsgrenze empfindlicher wäre als die Zugelastizität, dem tatsächlichen Verhalten des Materials entspricht, oder ob bei diesen hohen Belastungen die Verschiedenheit des Materials von Körper 1 und 2 eine grössere Rolle spielt, ist nicht weiter zu entscheiden.

Tabelle IV.

Bleibende Formänderungen in $\frac{1}{1200}$ cm.

Gusseisenkörper 2.

Sämtliche Belastungsstufen sind mit Druck begonnen worden.

Spannungs-unterschied kg/qcm	Querschnittsform	Messlänge cm	ursprünglicher Zustand des Materials für Druck Druckreste	Durch Wechselbelastung zwischen Druck und Zug erzeugter Endzustand Druck(reste)	Zug(reste)	Unterschied der Werte in Spalte 4 und 5 v. H. der Werte in Spalte 4
1	2	3	4	5	6	7
0,5 und 149,7	a	50,0	0,00	0,24	0,39	—
0,5 „ 299,4	a	50,0	0,56	0,83	0,79	48,2
0,5 „ 449,1	a	50,0	1,41	1,52	1,41	7,8
0,5 „ 598,8	a	50,0	2,50	2,77	2,74	10,8
0,8 „ 900	b	35,0	4,19	5,78	5,66	37,9
0,8 „ 1200	b	25,0	6,19	11,87	11,88	91,8

Bei der Zusammenstellung der bleibenden Formänderungen für Körper 2 in Tabelle IV ist genau so verfahren worden wie für Körper 1 in Tabelle II auf S. 22. Der Inhalt der einzelnen Spalten kann ausser bei Spalte 4 aus der Inhaltsangabe zu der letzeren Tabelle entnommen werden. Spalte 4 enthält nämlich die bleibenden Formänderungen gegenüber Druck, während diejenigen für Zug fehlen, weil sie nicht über den ursprünglichen Zustand des Materials Auskunft geben.

Die Zusammenstellung zeigt, dass die Druckreste für das Material im anfänglichen Zustande durchweg kleiner sind als diejenigen, welche bei fortgesetzter Wechselbelastung zwischen Druck und Zug entstehen. Nach Spalte 7 ist der Unterschied für ganz kleine Belastungen sehr gross, er nimmt dann mit zunehmender Spannung ab, erreicht bei rund 450 kg/qcm seinen Kleinstwert und nimmt dann von neuem zu. Die Druckreste werden also durch fortgesetzte Wechselbelastung zwischen Druck und Zug vergrössert, und zwar von einer bestimmten Spannung ab — rund 450 kg/qcm Querschnittsform a — zunehmend sowohl mit steigender wie mit abnehmender Spannung. Ich erinnere an das entgegengesetzte Verhalten der Zugreste, die nach Tabelle II verkleinert werden, und zwar für kleine Spannungen am meisten, mit steigender Spannung immer weniger.

Bei Besprechung von Tabelle II wurde bereits hervorgehoben, dass der durch Wechselbelastung erzeugte Endzustand der Zug- und Druckreste unter Berücksichtigung der Fehlergrenzen kaum als verschieden anzusehen sei. Nach Spalte 5 und 6 der Tabelle IV wird diese Annahme auch durch Körper 2 bestätigt. Die Endwerte selbst sind nun nach Tabelle II stets kleiner als die Zugreste und nach Tabelle IV stets grösser als die Druckreste für das Material im ursprünglichen Zustande. Die für eine bestimmte Wechselbelastung zwischen Zug und Druck sich ergebenden Reste sind demnach immer kleiner als diejenigen für Zugbelastung allein.

Auf Tafel 2 sind noch für Körper 2 in ähnlicher Weise wie für Körper 1 die federnden und bleibenden Formänderungen in Abhängigkeit von der Spannung graphisch dargestellt worden. Soweit es möglich war, sind jeweils die Werte für den Anfangs- und Endzustand des Materials eingezeichnet worden. Die Veränderung der Formänderungen ist wie für Körper 1 durch Schraffieren der zwischenliegenden Flächen zum Ausdruck gebracht worden. Die Linienzüge nehmen im übrigen denselben Verlauf wie in Tafel 1. Höchstens ist noch zu bemerken, dass diesmal die Druckreste für Anfangs- und Endzustand des Materials eingezeichnet werden konnten, während in Tafel 1 diese Möglichkeit nur für die Zugreste vorlag. In dieser Beziehung ergänzen sich die Figuren auf Tafel 1 und 2.

II. Die Veränderung der federnden und bleibenden Formänderungen, hervorgerufen durch allmählich steigende Wechselbelastung zwischen Zug und Druck.

In dem vorhergehenden Abschnitte I wurde für eine bestimmte Anzahl Belastungsstufen das Verhalten der federnden und bleibenden Formänderungen bei wechselnder Zug- oder bei wechselnder Druckbelastung untersucht. Aus anderen Versuchen ist bereits hinlänglich bekannt, dass Gusseisen durch allmählich steigende Zug- oder Druckbelastung allein in einen Zustand versetzt wird, der von dem ursprünglichen mehr oder weniger verschieden ist. Die hierbei eintretende Veränderung wurde in der Regel so bestimmt, dass zunächst eine von niederen Belastungsstufen aufsteigende Versuchsreihe für den ursprünglichen Zustand des Materials durchgeführt und am Ende der letzten Belastungsstufe der ganze Versuch in genau der gleichen Weise wiederholt wurde.

Für Wechselbelastung sind meines Wissens derartige Versuche bis jetzt nicht angestellt worden. Solche Versuche dürften deshalb ein besonderes Interesse für sich in Anspruch nehmen, weil man bekanntlich annimmt, dass Wechselbelastung das Material viel stärker verändert als einfache Zug- oder Druckbelastung. Um zu erfahren, welche gesamten Veränderungen das Material durch eine Wechselbelastung von bestimmter Grösse erfährt, genügt es nicht, wie dies bis jetzt im Abschnitte I geschehen ist, nur die Veränderung für die betreffende Belastung selbst festzustellen. Es muss vielmehr noch untersucht werden, welche Veränderungen auf den vorhergehenden Belastungsstufen gegenüber dem ursprünglichen Zustande vor sich gegangen sind[1]).

Aus diesem Grunde wurde jeweils am Schlusse der im Abschnitte I besprochenen Belastungsstufen, d. h. also nachdem für eine konstante Wechselbelastung von bestimmter Grösse die Veränderung des Materials bestimmt worden war, der augenblickliche Zustand des Materials für alle vorhergehenden Stufen durch einen Zug- und Druckelastizitätsversuch gewöhnlicher Art festgestellt. Als Belastungsstufen bei diesen Versuchen mussten wegen des Vergleichs mit den ursprünglichen Messungen dieselben wie bei den unter I besprochenen gewählt werden. Es wurde also beispielsweise am Schlusse von Belastungsstufe 2 ausgeführt

ein Zugversuch mit Belastungsstufe 1, sowie
ein Druckversuch „ „ 1;

am Schlusse von Belastungsstufe 3

ein Zugversuch mit den Belastungsstufen 1 und 2, sowie
ein Druckversuch „ „ „ 1 „ 2; u. s. w.

Diese im Folgenden besprochenen Versuche sind also zusammen mit den unter I genannten an denselben Körpern durchgeführt worden; nur für die Besprechung ist der Deutlichkeit wegen eine Trennung vorgezogen worden.

Gusseisenkörper 1.

Querschnittsform a. Fig. 4 (S. 6).

Nach den Versuchen im Abschnitt I hatte sich als Endzustand bei fortgesetztem Belastungswechsel zwischen Zug und Druck ergeben:

---

[1]) Man kann diese Veränderungen natürlich auch als solche ansehen, welche surch vorausgegangene Wechselbelastung gegenüber dem ursprünglichen Zudtande hervorgerufen werden.

	Spannung kg/qcm	Federungen auf 50 cm in $\frac{1}{1200}$ cm Zug	Druck
auf Belastungsstufe 1 (S. 10)	0,5 u. 149,7	7,02	7,05
„ „ 2 (S. 11)	0,5 „ 299,4	14,43	14,52
„ „ 3 (S. 12)	0,5 „ 598,8	31,39	29,57

Von Belastungsstufe 2 ab wurde nach Herbeiführung des genannten Zustandes durch eine Zug- und Druckelastizitätsmessung gewöhnlicher Art der augenblickliche Zustand des Materials auf den vorhergehenden Belastungsstufen nochmals ermittelt. Hierbei ergaben sich folgende Werte:

Prüfung am Schlusse von Belastungsstufe 2
nach vorausgegangener Wechselbelastung von 299,4 kg/qcm.

Spannung kg/qcm	Federungen auf 50 cm in $\frac{1}{1200}$ cm Zug	Druck	Mittlere Temperatur im Versuchsraum °C.
0,5 und 149,7	6,98	7,14	21,5
0,5 „ 299,4	14,47	14,52	

Es zeigt sich, dass der für die 1. Belastungsstufe festgestellte Unterschied von Zug- und Druckelastizität, wonach die letztere etwas grösser ist, durch Steigerung der Wechselbelastung eher noch zugenommen hat. Nach S. 10 betrug er nur 0,4 v. H., jetzt ist die Druckelastizität sogar um $\frac{7,14 - 6,98}{7,14}\, 100 = 2,2$ v. H. grösser.

Prüfung am Schlusse von Belastungsstufe 3
nach vorausgegangener Wechselbelastung von 598,8 kg/qcm.

Spannung kg/qcm	Federungen auf 50 cm in $\frac{1}{1200}$ cm Zug	Druck	Mittlere Temperatur im Versuchsraum °C.
0,5 und 149,7	7,35	7,18	
0,5 „ 299,4	15,13	14,54	23,7
0,5 „ 598,8	31,39	29,57	

Durch die Wechselbelastung von rund 600 kg qcm ist die Zugelastizität für die vorhergehenden Belastungsstufen merkbar, die Druckelastizität fast gar nicht verändert worden. Damit ist aber die ursprüngliche Verschiedenheit der Elastizitäten verschwunden; es ist jetzt im Gegenteil die Zugelastizität grösser als die Druckelastizität.

Gusseisenkörper 1.

Querschnittsform b. Fig. 4 (S. 6).

Für diese Querschnittsform wurden ausser den federnden auch die bleibenden Formänderungen bestimmt. Des Vergleichs wegen sind in der zunächst folgenden Zusammenstellung nochmals die Ergebnisse für den Endzustand im Abschnitt I angeführt worden.

Belastungsstufe	Messlänge cm	Spannung kg/qcm	Ausdehnung in $\frac{1}{1200}$ cm gesamte	bleibende	federnde	Zusammendrückung in $\frac{1}{1200}$ cm gesamte	bleibende	federnde
4 (S. 16)	35	0,8 bezw. 0,9 u. 896,4	44,70	5,71	38,99	39,01	5,83	33,18
5 (S. 18)	25	0,8 „ 0,9 „ 1195,2	53,28	12,13	41,15	45,28	12,05	33,23

Die folgenden Prüfungen am Schlusse von Belastungsstufe 4 und 5 zeigen die Veränderung des Materials durch allmählich ansteigende Wechselbelastung, und zwar nach vorausgegangener Wechselbelastung 896,4 bezw. 1195,2 kg/qcm.

Prüfung am Schlusse von Belastungsstufe 4.
Messlänge 35 cm, Temperatur im Versuchsraum 23,3 ° C.

Spannung kg/qcm	Zug Ausdehnung auf 35 cm in $\frac{1}{1200}$ cm gesamte	bleibende	federnde	Spannung kg/qcm	Druck Zusammendrückung auf 35 cm in $\frac{1}{1200}$ cm gesamte	bleibende	federnde
0,8 u. 298,8	13,00	1,45	11,55	0,9 u. 298,8	13,31	2,19	11,12
0,8 „ 597,6	28,08	3,29	24,79	0,9 „ 597,6	26,39	4,09	22,30
0,8 „ 896,4	44,70	5,71	38,99	0,9 „ 896,4	39,11	5,93	33,18

Prüfung am Schlusse von Belastungsstufe 5.
Messlänge 25 cm, Temperatur im Versuchsraum 21,5 ° C.

Spannung kg/qcm	Zug Ausdehnung auf 25 cm in $\frac{1}{1200}$ cm gesamte	bleibende	federnde	Spannung kg/qcm	Druck Zusammendrückung auf 25 cm in $\frac{1}{1200}$ cm gesamte	bleibende	federnde
0,8 u. 298,8	10,22	1,40	8,82	0,9 u. 298,8	11,64	2,70	8,94
0,8 „ 597,6	22,64	3,79	18,85	0,9 „ 597,6	23,79	5,99	17,80
0,8 „ 896,4	36,68	7,01	29,67	0,9 „ 896,4	34,78	8,95	25,83
0,8 „ 1195,2	52,94	11,75	41,19	0,9 „ 1195,2	45,11	11,64	33,47

Die Veränderungen sind aus den Zahlenwerten nicht unmittelbar zu erkennen, weil die Messlängen nicht gleich sind. In Tafel 3 sind deshalb in der gebräuchlichen Weise die erhaltenen Messungen graphisch dargestellt worden. Linienzug 1 stellt für beide Elastizitäten den durch konstante Wechselbelastung hervorgerufenen Endzustand (nach Tafel 1) dar. Die Veränderung dieses Zustands unter allmählich steigender Wechselbelastung ist bei Zug durch die Linien 2, 3 und 4, bei Druck durch die Linien 2 und 3 zum Ausdruck gebracht worden, und zwar stellen die ersteren den Zustand des Materials am Ende der Belastungsstufen 3, 4 und 5, die letzteren am Ende der Belastungsstufen 4 und 5 dar. Die Veränderungen am Schlusse der übrigen Belastungsstufen sind nicht eingezeichnet worden, weil sie sich bei dem Massstabe der Figur von dem ursprünglichen Zustande nur wenig unterscheiden und deshalb doch nicht zum Ausdruck kommen.

Die Linienzüge lassen zunächst erkennen, dass die Zug- und Druckelastizität von Gusseisen unter allmählich steigender Wechselbelastung auf den unterhalb gelegenen Belastungsstufen erheblich vergrössert wird.

Weiterhin ist noch von Interesse, dass bis zur Belastungsstufe 4, also bis rund 900 kg/qcm (Querschnittsform b), die Zugfederung mehr vergrössert wird als die Druckfederung. Am Ende von Belastungsstufe 5 holt die Druckelastizität gleichsam das Versäumte nach und vergrössert sich namentlich für niedere Belastungsstufen (bis rund 600 kg/qcm) stärker als die Zugelastizität. Diese Verschiedenheit in der Beeinflussung der Elastizitäten kommt noch in zweifacher Weise zum Ausdruck.

1. Gegenseitiges Verhältnis von Zug- und Druckelastizität am Ende der einzelnen Belastungsstufen.

Um über diesen Punkt näheren Aufschluss zu erhalten, wurden für die auf den vorhergehenden Seiten (35 und 36) angeführten Elastizitätsversuche die Dehnungskoeffizienten unter den üblichen Voraussetzungen berechnet. Das Ergebnis dieser Rechnung ist in der folgenden Tabelle V wiedergegeben. Die letzte Spalte derselben gibt an, um wieviel vom Hundert der Dehnungskoeffizient gegenüber Zug grösser ist als derjenige gegenüber Druck.

Tabelle V.

Dehnungskoeffizienten gegenüber Zug und Druck am Ende der einzelnen Belastungsstufen.

Höhe der vorhergegangenen Wechselbelastung kg/qcm	Spannungsunterschied in kg/qcm	Zug	Druck	Unterschied[1]) der Dehnungskoeffizienten v. H. der Druckelastizität
299,9 (Belastungsstufe 2)	0,5 und 149,9	$\frac{1}{1\,282\,521}$	$\frac{1}{1\,253\,782}$	—2,3
	149,7 „ 299,4	$\frac{1}{1\,199\,199}$	$\frac{1}{1\,217\,073}$	0
598,8 (Belastungsstufe 3)	0,5 und 149,7	$\frac{1}{1\,217\,959}$	$\frac{1}{1\,246\,797}$	2,4
	149,7 „ 299,4	$\frac{1}{1\,154\,499}$	$\frac{1}{1\,220\,380}$	5,7
	299,4 „ 598,8	$\frac{1}{1\,104\,797}$	$\frac{1}{1\,195\,210}$	8,2

[1]) Unterschiede kleiner als 2 v. H. wurden gleich Null angesehen.

Höhe der vorhergegangenen Wechselbelastung kg/qcm	Spannungsunterschied in kg/qcm	Zug	Druck	Unterschied der Dehnungskoeffizienten v. H. der Druckelastizität
896,4 (Belastungsstufe 4)	0,8 und 298,8	$\frac{1}{1\,083\,636}$	$\frac{1}{1\,125\,540}$	3,9
	298,8 „ 597,6	$\frac{1}{947\,855}$	$\frac{1}{1\,122\,504}$	18,4
	597,6 „ 896,4	$\frac{1}{883\,775}$	$\frac{1}{1\,153\,456}$	30,5
1195,2 (Belastungsstufe 5)	0,8 und 298,8	$\mathbf{\frac{1}{1\,013\,602}}$	$\mathbf{\frac{1}{1\,000\,000}}$	0
	298,8 „ 597,6	$\frac{1}{893\,719}$	$\frac{1}{1\,011\,738}$	13,2
	597,6 „ 896,4	$\frac{1}{828\,466}$	$\frac{1}{1\,116\,314}$	34,7
	896,4 „ 1195,2	$\frac{1}{778{,}125}$	$\frac{1}{1\,173\,298}$	50,8

Die Veränderung des gegenseitigen Verhältnisses von Zug- und Druckelastizität erfolgt nach Tabelle V ganz entsprechend der Beeinflussung der beiden Elastizitäten durch zunehmende Wechselbelastung. Der Versuch am Ende von Belastungsstufe 2 (299,9 kg/qcm) liefert die Druckelastizität auf der ersten Belastungsstufe grösser als die Zugelastizität; der Unterschied vom Hundert ergibt sich deshalb nach der Zusammenstellung negativ, zu —2,3 v. H. Von hier ab bis zu Belastungsstufe 4 wächst die Zugelastizität rascher als die Druckelastizität; demgemäss wird der Unterschied der Elastizitäten grösser. Am Ende der Belastungsstufe 5 wächst die Druckelastizität für niedere Spannungen plötzlich sehr stark; damit wird der Unterschied für Spannungen unter 600 kg/qcm wieder kleiner. Er ist für rund 300 kg/qcm in Tabelle V, weil kleiner als 2 v. H., zu 0 angegeben, würde aber genau berechnet sich negativ ergeben haben. Das Material ist also am Ende von Belastungsstufe 5, wie im ganz ursprünglichen Zustande, gegenüber Druck ein wenig elastischer als gegenüber Zug.

2. Verlauf der Kurven der Federungen bei Zug und bei Druck.

Die Kurven der Federungen, welche den durch konstante Wechselbelastung auf derselben Belastungsstufe erhaltenen Endzustand wiedergeben, zeigen nach Tafel 1 sowohl für Zug wie für Druck den für Gusseisen charakteristischen Verlauf. Die Federungen wachsen rascher, als die Spannungen; die Kurven kehren ihre hohle Seite der wagrechten Ordinatenachse zu. Diese Kurven werden nach Tafel 3 unter dem Einflusse vorhergegangener Wechselbelastung immer flacher. Während aber die Kurven für Zug ihren ursprünglichen Charakter bis zur höchsten

Belastung 1200 kg/qcm beibehalten, zeigen diejenigen für Druck am Ende der genannten Belastung gerade die entgegengesetzte Krümmung Diese Eigentümlichkeit rührt daher, dass die Zusammendrückungen bei den drei untersten Belastungsstufen sehr stark zugenommen haben. Der Übergang von der ursprünglich gegen die wagrechte Ordinatenachse konkaven Form in die konvexe muss durch die Gerade erfolgt sein. Es lässt sich deshalb vermuten, dass es eine ganz bestimmte Druckbelastung gibt, unter der das vorliegende Material gegenüber seinem ursprünglichen Zustand derart verändert wird, dass es Proportionalität zwischen Spannung und Zusammendrückung besitzt.

Es bleibt noch zu besprechen übrig, wie sich die bleibenden Formänderungen mit steigender Wechselbelastung verändern. Da die angeführten Messungsergebnisse wegen der verschiedenen Messlängen in dieser Beziehung keinen unmittelbaren Aufschluss geben, so muss auch hier auf die graphische Darstellung der Tafel 3 verwiesen werden. In derselben sind ausser den bleibenden Formänderungen für den ursprünglichen Endzustand (Linienzug 5 bei Zug, 4 bei Druck) auch diejenigen am Schlusse der Belastungsstufen 4 und 5 (Linienzug 6 und 7 bei Zug, 5 und 6 bei Druck) eingetragen worden. Man erkennt ohne weiteres, dass mit jeder Steigerung der Wechselbelastung eine Vergrösserung der Zug- und Druckreste verbunden ist. Man wird dadurch zu dem Schlusse gedrängt, dass das Materialgefüge durch allmählich zunehmende Wechselbelastung gelockert wird. Diese Lockerung bildet voraussichtlich den Grund für die Abnahme der Festigkeit des Materials bei wechselnder Belastung gegenüber Zug- oder Druckbelastung allein. Der Verlauf der Kurven der bleibenden Formänderungen zeigt in übereinstimmender Weise mit demjenigen der Federungen, dass die Zugreste bis zur höchsten Belastungsstufe (5) rascher zunehmen als die Spannungen, dass sich hingegen die Druckreste schon am Ende der 4. Belastungsstufe ziemlich proportional mit der Spannung vergrössern. Diese Erscheinung dürfte wieder daraus zu erklären sein, dass die Druckreste oberhalb einer bestimmten Spannung viel stärker zunehmen als die Zugreste.

Gusseisenkörper 2.

Querschnittsform a. Fig. 4 (S. 6).

Als Endzustand für Wechselbelastung auf derselben Belastungsstufe hatte sich nach den Angaben im Abschnitt I ergeben:

	Spannung kg/qcm	Federungen auf 50 cm in $\frac{1}{1200}$ cm Druck	Zug
auf Belastungsstufe 1 (S. 24)	0,5 und 149,7	7,02	6,98
„ „ 2 (S. 25)	0,5 „ 299,4	14,36	14,39
„ „ 3 (S. 25)	0,5 „ 449,1	21,80	22,40
„ „ 4 (S. 26)	0,5 „ 598,8	29,56	31,21.

Die weitere Veränderung dieses Zustandes unter steigender Wechselbelastung ist durch die folgenden Elastizitätsprüfungen gewöhnlicher Art festgestellt worden.

Prüfung am Schlusse von Belastungsstufe 2.

Spannung kg/qcm	Federungen auf 50 cm in $\frac{1}{1200}$ cm Zug	Druck	Mittlere Temperatur im Versuchsraum °C.
0,5 und 149,7	7,03	7,10	24,8
0,5 „ 299,4	14,41	14,36	

Prüfung am Schlusse von Belastungsstufe 3.

Spannung kg/qcm	Zug	Druck	°C.
0,5 und 149,7	7,22	7,14	24,4
0,5 „ 299,4	14,72	14,43	
0,5 „ 449,1	22,41	21,81	

1. Prüfung am Schlusse von Belastungsstufe 4.

Spannung kg/qcm	Zug	Druck	°C.
0,5 und 149,7	7,30	7,15	24,0
0,5 „ 299,4	15,01	14,47	
0,5 „ 449,1	23,07	21,94	
0,5 „ 598,8	31,19	29,54	

Die Versuche bestätigen das für Körper 1 gefundene Ergebnis der Zunahme der Elastizität durch steigende Wechselbelastung.

Nach der zuletzt angeführten Prüfung, am Schlusse von Belastungsstufe 4, wurde nochmals mit der Belastung gewechselt und für jede Belastungsstufe ausser der federnden auch die gesamte und bleibende Formänderung bestimmt.

2. Prüfung am Schlusse von Belastungsstufe 4.

Messlänge 50 cm, Temperatur im Versuchsraum 23,5 ° C.

Spannung in kg/qcm	Zusammendrückung auf 50 cm in $\frac{1}{1200}$ cm			Ausdehnung auf 50 cm in $\frac{1}{1200}$ cm		
	gesamte	bleibende	federnde	gesamte	bleibende	federnde
0,5 und 149,7	7,84	0,69	7,15	8,00	0,74	7,26
0,5 „ 299,4	15,90	1,37	14,53	16,36	1,41	14,95
0,5 „ 449,1	23,88	1,90	21,98	25,00	1,99	23,01
0,5 „ 598,8	32,02	2,48	29,54	33,83	2,61	31,22

Der Vergleich der beiden am Schlusse von Belastungsstufe 4 in ganz gleicher Weise durchgeführten Versuche zeigt deutlich, dass das Material, nachdem es durch konstante Wechselbelastung in der im Abschnitt I besprochenen Weise in einen bestimmten Endzustand gebracht worden ist, tatsächlich sich in einem endgültigen Beharrungszustand befindet, den es nur durch weitere Steigerung der Belastung verlieren kann.

Gusseisenkörper 2.

Querschnittsform b. Fig. 4 (S. 6).
Zusammenstellung der Ergebnisse für konstante Wechselbelastung (Abschnitt I).

Belastungsstufe	Messlänge cm	Spannung kg/qcm	Ausdehnung in $\frac{1}{1200}$ cm gesamte	bleibende	federnde	Zusammendrückung in $\frac{1}{1200}$ cm gesamte	bleibende	federnde
5 (S. 28)	35	0,8 bezw. 0,9 u. 900	45,10	5,66	39,44	39,34	5,78	33,56
6 (S. 29)	25	0,8 „ 0,9 „ 1200	53,03	11,88	41,15	45,02	11,87	33,15

Die Veränderung dieser Formänderungen durch steigende Wechselbelastung ist aus den folgenden Prüfungen ersichtlich.

3. Prüfung am Schlusse von Belastungsstufe 4.
Messlänge 35 cm, Temperatur im Versuchsraum 22,0 ° C.

Spannung kg/qcm	Druck: Zusammendrückung auf 35 cm in $\frac{1}{1200}$ cm gesamte	bleibende	federnde	Spannung kg/qcm	Zug: Ausdehnung auf 35 cm in $\frac{1}{1200}$ cm gesamte	bleibende	federnde
0,9 und 300	11,70	1,14	10,56	0,8 u. 300	12,20	1,17	11,03
0,9 „ 600	23,82	2,24	21,58	0,8 „ 600	25,59	2,12	23,47

Prüfung am Schlusse von Belastungsstufe 5.
Messlänge 35 cm, Temperatur im Versuchsraum 24,2 ° C.

Spannung kg/qcm	Druck: Zusammendrückung auf 35 cm in $\frac{1}{1200}$ cm gesamte	bleibende	federnde	Spannung kg/qcm	Zug: Ausdehnung auf 35 cm in $\frac{1}{1200}$ cm gesamte	bleibende	federnde
0,9 und 300	13,33	2,00	11,33	0,8 u. 300	13,24	1,46	11,78
0,9 „ 600	26,63	3,95	22,68	0,8 „ 600	28,35	3,30	25,05
0,9 „ 900	39,34	5,78	33,56	0,8 „ 900	45,10	5,66	39,44

Prüfung am Schlusse von Belastungsstufe 6.
Messlänge 25 cm, Temperatur im Versuchsraum 23,7 ° C.

Spannung kg/qcm	Druck: Zusammendrückung auf 25 cm in $\frac{1}{1200}$ cm gesamte	bleibende	federnde	Spannung kg/qcm	Zug: Ausdehnung auf 25 cm in $\frac{1}{1200}$ cm gesamte	bleibende	federnde
0,9 und 300	11,65	2,65	9,00	0,8 u. 300	10,22	1,41	8,81
0,9 „ 600	23,69	6,04	17,65	0,8 „ 600	22,55	3,73	18,82
0,9 „ 900	34,62	8,97	25,65	0,8 „ 900	36,68	7,07	29,61
0,9 „ 1200	45,02	11,87	33,15	0,8 „ 1200	53,03	11,88	41,15

Das Ergebnis dieser Prüfungen ist bei der Verschiedenheit der Messlängen am einfachsten und raschesten aus Tafel 4 zu ersehen. In derselben sind die bei den Versuchen ermittelten Formänderungen genau in derselben Weise wie für Körper 1 in Tafel 3 graphisch dargestellt worden. Neu ist bei Körper 2, dass die Messungen am Ende von Belastungsstufe 4 für beide Querschnittsformen a und b durchgeführt wurden. Eingezeichnet wurden beide Messungen nur für die Zugfederungen; sonst musste bei dem geringen Unterschiede, der Deutlichkeit der Figur wegen, hiervon Abstand genommen werden. Die Dehnungskurven für Querschnitt a und b zeigen, um wieviel sich die Elastizität nur durch Verkleinerung des Querschnitts veränderte. Zur weiteren Aufklärung in dieser Hinsicht füge ich noch die folgenden für rund dieselbe Spannungsdifferenz bei beiden Querschnittsformen berechneten Dehnungskoeffizienten bei.

Dehnungskoeffizienten am Schlusse von Belastungsstufe 4 für Querschnittsform a und b.

	Spannungsunterschied in kg/qcm	Druck	Zug	Unterschied v. H. der Druckelastizität
Querschnittsform a	0,5 und 299,4	$\frac{1}{1\,239\,391}$	$\frac{1}{1\,194\,803}$	3,7
	299,4 „ 598,8	$\frac{1}{1\,192\,038}$	$\frac{1}{1\,110\,260}$	7,4
Querschnittsform b	0,8 und 300	$\frac{1}{1\,190\,000}$	$\frac{1}{1\,139\,293}$	4,5
	300 „ 600	$\frac{1}{1\,143\,376}$	$\frac{1}{1\,012\,862}$	12,9

Im übrigen verlaufen die für Körper 2 gewonnenen Kurven in ganz derselben Weise wie diejenigen für Körper 1. Ich kann mich deshalb hier darauf beschränken, auf die ausführlichen Erörtungen S. 38 und 39 zu verweisen.

Der Unterschied in der Veränderung beider Elastizitäten und sein Einfluss auf ihr gegenseitiges Verhältnis ist noch in der folgenden Zusammenstellung der Dehnungskoeffizienten am Schlusse der einzelnen Belastungsstufen zum Ausdruck gebracht worden.

In derselben sind wie in Tabelle V diejenigen Werte durch starken Druck hervorgehoben worden, nach denen die Druckelastizität etwas grösser erscheint als die Zugelastizität. Ganz wie für Körper 1 ist dies am Schlusse von Belastungsstufe 2 für das Spannungsintervall 0,5 und 149,7 kg der Fall, d. h. also, wie schon im Abschnitt I wiederholt hervorgehoben, für den ursprünglichen Zustand des Materials. Unter dem Einflusse zunehmender Wechselbelastung verschwindet die genannte Eigentümlichkeit und zeigt sich erst wieder am Schlusse von Belastungsstufe 6 für das Spannungsintervall 0,8 und 300 kg/qcm. Dieses Verschwinden und Wiedererscheinen beruht darauf, dass das Material gegenüber Druck unterhalb einer bestimmten Spannungsgrenze durch zunehmende Wechselbelastung weniger, oberhalb derselben dagegen namentlich für niedere Belastungen mehr als gegenüber Zug verändert wird. Es darf hiernach als erwiesen gelten, dass

Tabelle VI.

Dehnungskoeffizienten gegenüber Zug und Druck am Ende der einzelnen Belastungsstufen.

Höhe der vorhergegangenen Wechselbelastung kg/qcm	Spannungsunterschied in kg/qcm	Zug	Druck	Unterschied der Dehnungskoeffizienten v. H. der Druckelastizität
299,4 (Belastungsstufe 2)	0,5 und 149,7	$\frac{1}{1\,273\,400}$	$\frac{1}{1\,260\,845}$	0
	149,7 „ 299,4	$\frac{1}{1\,217\,073}$	$\frac{1}{1\,273\,190}$	0
499,1 (Belastungsstufe 3)	0,5 und 149,7	$\frac{1}{1\,239\,889}$	$\frac{1}{1\,253\,782}$	0
	149,7 „ 290,4	$\frac{1}{1\,197\,600}$	$\frac{1}{1\,232\,099}$	2,9
	299,4 „ 499,1	$\frac{1}{1\,168\,010}$	$\frac{1}{1\,217\,073}$	4,2
598,8 (Belastungsstufe 4, Querschnittsform a)	0,5 und 149,7	$\frac{1}{1\,226\,301}$	$\frac{1}{1\,252\,028}$	2,0
	149,7 „ 299,4	$\frac{1}{1\,164\,981}$	$\frac{1}{1\,227\,050}$	5,3
	299,4 „ 449,1	$\frac{1}{1\,114\,392}$	$\frac{1}{1\,202\,410}$	7,9
	449,1 „ 598,8	$\frac{1}{1\,106\,158}$	$\frac{1}{1\,181\,842}$	6,8
600 (Belastungsstufe 4, Querschnittsform b)	0,8 und 300	$\frac{1}{1\,139\,293}$	$\frac{1}{1\,190\,000}$	4,5
	300 „ 600	$\frac{1}{1\,012\,862}$	$\frac{1}{1\,143\,376}$	12,9
900 (Belastungsstufe 5)	0,8 und 300	$\frac{1}{1\,066\,757}$	$\frac{1}{1\,109\,126}$	4,0
	300 „ 600	$\frac{1}{949\,510}$	$\frac{1}{1\,110\,132}$	16,9
	600 „ 900	$\frac{1}{875\,608}$	$\frac{1}{1\,158\,088}$	32,3

Höhe der vorhergegangenen Wechselbelastung kg/qcm	Spannungsunterschied in kg	Zug	Druck	Unterschied der Dehnungskoeffizienten v. H. der Druckelastizität
1200 (Belastungsstufe 6)	0,8 und 300	$\frac{1}{1018842}$	$\frac{1}{997333}$	— 2,1
	300 „ 600	$\frac{1}{899101}$	$\frac{1}{1040462}$	15,7
	600 „ 900	$\frac{1}{834106}$	$\frac{1}{1125000}$	34,9
	900 „ 1200	$\frac{1}{779896}$	$\frac{1}{1200000}$	53,9

dieses zuerst von Bach aufgedeckte eigentümliche Verhalten dem Material sowohl im Ursprungszustand, als auch nach seiner Veränderung unter ganz bestimmten Belastungsverhältnissen zukommen kann.

Für die Veränderung der federnden Formänderungen, hervorgerufen durch steigenden Belastungswechsel zwischen Zug und Druck, lassen sich zusammenfassend folgende Ergebnisse aus den Versuchen an Körper 1 und 2 ableiten:

1. Der Dehnungskoeffizient der Federung wird bei Gusseisen durch steigende Wechselbelastung auf den vorhergegangenen Belastungsstufen für Zug und Druck vergrössert.
2. Diese Vergrösserung ist für beide Elastizitäten nicht gleich; die Druckelastizität ist unterhalb einer gewissen Spannung — Querschnittsform b 900 kg/qcm — für alle Belastungen weniger, nach Überschreiten derselben für niedere Spannungen mehr veränderlich als die Zugelastizität.
3. Dieser Umstand ist von starkem Einfluss auf das gegenseitige Verhältnis von Zug- und Druckelastizität. Dasselbe liegt nicht allgemein fest, sondern ändert sich mit der Belastung (vergl. Tabelle V und VI).
4. Die für den ursprünglichen Zustand des Materials gefundene Eigentümlichkeit, wonach Gusseisen für niedere Spannungen gegenüber Druck elastischer ist als gegenüber Zug, verliert sich zuerst mit steigender Wechselbelastung, stellt sich aber später wieder ein, wenn die Belastung eine gewisse (von der vorhergegangenen Beanspruchung abhängige) Grösse erreicht hat.
5. Die Kurven der Federungen gegenüber Druck verändern nach vorhergegangener Wechselbelastung ihren

ursprünglichen Charakter; sie werden immer flacher und gehen durch die Gerade hindurch in einen Verlauf mit umgekehrter Krümmung über, so dass oberhalb einer gewissen Spannung (rund 1200 kg/qcm) die Zusammendrückungen langsamer wachsen als die Spannungen.

Es erübrigt noch, die Veränderung der bleibenden Formänderungen an Körper 2 zu besprechen. Für diesen Zweck sind in der folgenden Tabelle VII die Zug- und Druckreste für den ursprünglichen Endzustand bei konstanter Wechselbelastung nach Abschnitt I und für den Materialzustand am Ende der Wechselbelastung 598,8 kg/qcm zusammengestellt worden.

Tabelle VII.

Veränderung der bleibenden Formänderungen durch vorhergegangene Wechselbelastung an Körper 2, Querschnittsform a.

Spannungs-unterschied kg/qcm	Durch Belastungswechsel erzeugter Endzustand		Bleibende nach Wirkung der Wechselbelastung 598,8 kg/qcm	
	Zugreste	Druckreste	Zugreste	Druckreste
0,5 und 149,7	0,39	0,24	0,74	0,69
0,5 „ 299,4	0,79	0,83	1,41	1,37
0,5 „ 449,1	1,41	1,52	1,99	1,90
0,5 „ 598,8	2,74	2,50	2,61	2,48

Hiernach sind die für den ursprünglichen Zustand des Materials für Zug und Druck gleich grossen Reste auch für den neuen Zustand gleich; Zug- und Druckreste vergrössern sich also für Belastungen bis 600 kg/qcm in gleicher Weise. Vergleicht man aber die Reste für Zug und Druck am Schlusse von Belastungsstufe 5 und 6 in den Prüfungen auf S. 41, so zeigt sich, dass die letzteren rascher zunehmen als die ersteren. Beispielsweise ergibt sich nach der Prüfung am Schlusse von Belastungsstufe 6 für die Spannungsdifferenz rund 1 und 300 kg/qcm auf 25 cm Messlänge der Zugrest zu 1,41, der Druckrest zu 2,65, und für die Spannungsdifferenz rund 1 und 600 kg/qcm der Zugrest zu 3,73, der Druckrest zu 6,04. Diese auffallende Erscheinung zeigt sich auch schon für Körper 1 (vergl. die Prüfungen am Schlusse von Belastungsstufe 4 und 5, S. 36); sie ist also ganz unabhängig davon, ob der Körper zuerst gezogen oder zuerst gedrückt wurde. Man könnte vielleicht noch einwenden, dass die bezeichnete Eigentümlichkeit mit der vorgenommenen Querschnittsverminderung zusammenhange. Um hierüber Klarheit zu erlangen, sind im Folgenden die bleibenden Formänderungen am

Schlusse von Belastungsstufe 4 für beide Querschnittsformen zusammengestellt worden.

Zug- und Druckreste am Schlusse von Belastungsstufe 4 für Körper 2 in Querschnittsform a und b.

	Spannungsunterschied in kg/qcm	Zug	Druck
Querschnittsform a auf 50 cm in $\frac{1}{1200}$ cm	0,5 und 299,4	1,41	1,37
	0,5 „ 598,8	2,61	2,48
Querschnittsform b auf 35 cm in $\frac{1}{1200}$ cm	0,8 und 300	1,17	1,14
	0,8 „ 600	2,12	2,24

Man erkennt, dass durch die Querschnittsveränderung das gegenseitige Verhältnis von Zug- und Druckrest so gut wie nicht verändert worden ist.

Hinsichtlich der Veränderung der bleibenden Formänderungen durch zunehmende Wechselbelastung [1]) verweise ich ausser auf Tabelle VII namentlich auf Tafel 4, in der die Zug- und Druckreste in Abhängigkeit von der Spannung dargestellt sind. Der Verlauf der erhaltenen Kurven zeigt gegenüber Tafel 3 für Körper 1 keinen bemerkenswerten Unterschied.

Das Ergebnis der an Körper 1 und 2 durchgeführten Untersuchungen über die bezeichnete Veränderung der Zug- und Druckreste fasse ich wie folgt zusammen:

1. Die bleibenden Formänderungen fallen für irgend eine Zug- oder Druckbelastung um so grösser aus, einer je höheren Wechselbelastung zwischen Zug und Druck das Material bereits ausgesetzt worden war; es scheint, dass das Materialgefüge unter dem Einflusse steigender Wechselbelastung gelockert wird.
2. Die Vergrösserung der Zug- und Druckreste gegenüber den Werten für den ursprünglichen Zustand des Materials ist für Zug und Druck nur bis zu der Spannung 600 kg/qcm (Querschnittsform b) gleich; oberhalb derselben wachsen die Druckreste namentlich für niedere Spannungen rascher als die Zugreste.
3. Die in der Zusammenfassung für die federnden Formänderungen (S. 44 und 45) genannte Eigentümlichkeit, dass Gusseisen, nachdem es einer Wechselbelastung von bestimmter Grösse ausgesetzt worden ist, für kleine Belastungen gegenüber Druck empfindlicher wird als gegenüber Zug, gilt demnach auch für die bleibenden Formänderungen.

---

[1]) Die Veränderung durch zunehmende Wechselbelastung kann natürlich auch als eine Veränderung durch vorhergegangene Wechselbelastung angesehen werden.

III. Federnde und bleibende Formänderungen, hervorgerufen durch Zug- und Druckbelastung allein.

Veränderung des ursprünglichen Materialzustandes durch steigende Zug- bezw. Druckbelastung allein.

Um auch noch Vergleiche zwischen dem Verhalten des Materials bei Wechselbelastung und bei Zug- und Druckbelastung allein anstellen zu können, wurden mit zwei weiteren Versuchskörpern 3 und 4, die hinsichtlich Material und Abmessungen die überhaupt erreichbare Übereinstimmung mit den unter I u. II untersuchten Körpern 1 und 2 besassen, Versuche zu dem Zwecke angestellt, die Formänderungen bei Zug- oder Druckbelastung allein, sowie ihre Veränderung durch zunehmende Belastung kennen zu lernen. Körper 3 wurde nur auf Zug, Körper 4 nur auf Druck geprüft.

1. Zugelastizität.

Gusseisenkörper 3.

Querschnittsform a. Fig. 4 (S. 6).

Die Längenabmessungen gibt die Abbildung.

Querschnittsabmessungen des prismatischen Teils im Mittel . . $\begin{cases} a = 7{,}06 \text{ cm} \\ b = 7{,}08 \text{ ,,} \end{cases}$

Querschnitt . . . . $7{,}06 \cdot 7{,}08 = 50{,}0$ qcm

Gewicht in der Luft . . . . . . 30,475 kg

„ unter Wasser . . . . . . 26,243 „

Unterschied . . . . 4,232 kg

spezifisches Gewicht . . . . $\dfrac{30{,}475}{4{,}232} = 7{,}201.$

Bei allen folgenden Elastizitätsversuchen wurde Belastung und Entlastung jeweils so oft gewechselt, bis die gesamten, die bleibenden und die federnden Dehnungen sich nicht mehr änderten. Zwischen Be- und Entlastung, und umgekehrt, lag ein Zeitraum von je 3 Minuten. Der Körper wurde stets ganz von der Zugkraft der Maschine entlastet, sodass als Belastung des mittleren Querschnitts sein halbes Eigengewicht und das Gewicht der Messvorrichtung verblieben, zusammen rd. 23 kg.

1. Versuchsreihe.

Die Temperatur im Versuchsraum war nahezu konstant 21,8 °C.

Belastung in kg		Ausdehnung auf 50 cm in $\frac{1}{1200}$ cm		
gesamte	kg/qcm	gesamte	bleibende	federnde
23 und 7500	0,5 und 150	7,55	0,45	7,10
23 „ 15000	0,5 „ 300	15,59	1,14	14,45
23 „ 22500	0,5 „ 450	24,21	1,91	22,30
23 „ 30000	0,5 „ 600	34,01	3,38	30,63

Die federnden Dehnungen liefern

für den Spannungsunterschied in kg/qcm	als Dehnungskoeffizienten
0,5 und 150	$\frac{1}{1\,263\,380}$
150 „ 300	$\frac{1}{1\,224\,489}$
300 „ 450	$\frac{1}{1\,146\,497}$
450 „ 600	$\frac{1}{1\,080\,432}$

Am Schlusse jeder Belastungsstufe wurde nochmals die Elastizität der vorhergehenden bestimmt. Es fand sich

am Schlusse der Belastung	für den Spannungs-unterschied in kg/qcm	als Federung auf 50 cm in $\frac{1}{1200}$ cm
23 und 15000 kg	0,5 und 150	7,07
23 „ 22500 „	0,5 „ 150	7,16
	0,5 „ 300	14,61
23 „ 30000 „	0,5 „ 150	7,23
	0,5 „ 300	14,77
	0,5 „ 450	22,61

Aus den zuletzt angeführten Messungen ist zu ersehen, dass die durch eine Zugbelastung von bestimmter Grösse hervorgerufene Dehnung um so grösser ausfällt, je höher der Körper überhaupt schon belastet wurde: Die Zugelastizität von Gusseisen wird durch steigende Zugbelastung vergrössert.

2. Versuchsreihe.

Prüfung nach 26 Stunden, Temperatur 21,8 °C.

Belastung in kg		Ausdehnung auf 50 cm in $\frac{1}{1200}$ cm		
gesamte	kg/qcm	gesamte	bleibende	federnde
23 und 7500	0,5 und 150	7,41	0,26	7,15
23 „ 15000	0,5 „ 300	14,99	0,30	14,69
23 „ 22500	0,5 „ 450	22,88	0,34	22,54
23 „ 30000	0,5 „ 600	31,14	0,52	30,62

Der Vergleich der Federungen der 2. Versuchsreihe mit denjenigen der 26 Stunden früher ausgeführten Messungen, also beispielsweise der Vergleich der Zahlen

7,15 mit 7,23,
14,69 „ 14,77,
22,54 „ 22,61

zeigt, dass die durch zunehmende Zugbelastung hervorgerufene Vergrösserung der Elastizität teilweise wieder verschwunden ist (elastische Nachwirkung).

Gusseisenkörper 3.

Querschnittsform b. Fig. 4 (S. 6).

Querschnittsabmessungen des prismatischen Teils im Mittel . . $\begin{cases} a' = 5{,}00 \text{ cm} \\ b' = 4{,}99 \text{ „} \end{cases}$

Querschnitt . . . . 5,00 · 4,99 = 25,0 qcm

Gewicht in der Luft . . . . . . 23,210 kg

„ unter Wasser . . . . . . 19,984 „

Unterschied . . . . 3,226 kg

spezifisches Gewicht . . . . $\frac{23{,}210}{3{,}226} = 7{,}195.$

Belastung des mittleren Querschnitts durch Eigengewicht und Messvorrichtung . . 19 kg.

Belastung in kg		3. Versuchsreihe Temperatur im Versuchsraum nahezu konstant 21,8 °C. Ausdehnung auf 35 cm in $\frac{1}{1200}$ cm			4. Versuchsreihe Temperatur im Versuchsraum nahezu konstant 21,8 °C. Ausdehnung auf 35 cm in $\frac{1}{1200}$ cm		
gesamte	kg/qcm	gesamte	bleibende	federnde	gesamte	bleibende	federnde
19 u. 3750	0,8 u. 150	5,20	0,00	5,20	5,61	0,00	5,61
19 „ 7500	0,8 „ 300	10,81	0,15	10,66	11,43	0,00	11,43
19 „ 11250	0,8 „ 450	16,75	0,26	16,49	17,67	0,00	17,67
19 „ 15000	0,8 „ 600	23,55	0,82	22,73	24,09	0,00	24,09
19 „ 22500	0,8 „ 900	42,70	5,12	37,58	—	—	—

Die federnde Dehnung für den Spannungsunterschied 600 und 900 kg aus Versuchsreihe 3 liefert den Dehnungskoeffizienten $\frac{1}{848485}$. Versuchsreihe 4, unmittelbar im Anschluss an 3 durchgeführt, gibt Aufschluss über die Vergrösserung der Elastizität durch die Gesamtbelastung 22500 kg. 3 Stunden nach dieser Prüfung folgten die beiden folgenden (letzten) Versuchsreihen 5 und 6.

Belastung in kg		5. Versuchsreihe Temperatur im Versuchsraum nahezu konstant 21,8 °C. Ausdehnung auf 25 cm in $\frac{1}{1200}$ cm			6. Versuchsreihe Temperatur im Versuchsraum nahezu konstant 21,8 °C. Ausdehnung auf 25 cm in $\frac{1}{1200}$ cm		
gesamte	kg/qcm	gesamte	bleibende	federnde	gesamte	bleibende	federnde
19 u. 3750	0,8 u. 150	3,88	0,00	3,88	4,27	0,00	4,27
19 „ 7500	0,8 „ 300	8,17	0,10	8,07	8,75	0,00	8,75
19 „ 11250	0,8 „ 450	12,56	0,17	12,39	13,38	0,00	13,38
19 „ 15000	0,8 „ 600	17,16	0,22	16,94	18,25	0,00	18,25
19 „ 22500	0,8 „ 900	27,00	0,38	26,62	28,58	0,00	28,58
19 „ 30000	0,8 „ 1200	48,03	8,68	39,35	—	—	—

Die federnde Dehnung für den Spannungsunterschied 900 und 1200 kg aus Versuchsreihe 5 liefert den Dehnungskoeffizienten $\frac{1}{706991}$. Versuchsreihe 6, unmittelbar im Anschluss an 5 durchgeführt, zeigt die Veränderung des Materials durch die Belastung 1200 kg/qcm.

Die Untersuchung von Körper 3 hat hiernach als Ergebnis geliefert: Der Dehnungskoeffizient von Gusseisen ist auch bei Zugbelastung **allein** stets davon abhängig, wie hoch das Material überhaupt schon belastet wurde; er nimmt mit steigender Belastung zu.

Da sich bei der Bestimmung der Dehnungskoeffizienten für Wechselbelastung zwischen Zug und Druck im Abschnitt II ein ähnliches Verhalten des Materials ergeben hatte, ist es nicht uninteressant, näher zu verfolgen, in welchem Verhältnis die Vergrösserung der Elastizität durch steigende Zugbelastung allein zu derjenigen durch Wechselbelastung steht.

In Tafel 5 oben sind, in gleicher Weise wie bei den vorhergehenden Versuchen, die federnden und bleibenden Formänderungen bei Zugbelastung allein in Abhängigkeit von der Spannung aufgetragen worden. Linienzug 1 gibt die Federungen für den ursprünglichen Zustand des Materials in Querschnittsform a, Linienzug 2 in Querschnittsform b. Linienzug 3, ausgehend von Belastungsstufe 5, sowie Linienzug 4, ausgehend von Belastungsstufe 6, zeigen die Vergrösserung der Elastizität durch zunehmende Zugbelastung. Linienzug 5 zeigt den Zustand des gleichen Materials, nachdem dasselbe einer Wechselbelastung von 1200 kg/qcm so lange ausgesetzt worden war, bis die durch sie hervorgerufenen Veränderungen der Elastizität aufhörten (die Werte zur Aufzeichnung dieser Kurve sind den Messungen an Körper 2 entnommen). Man erkennt ohne weiteres, dass die Vergrösserung der elastischen Federungen durch Wechselbelastung grösser ist, als diejenige durch Zugbelastung allein. Der Unterschied ist für niedere Spannungen — bis rund 300 kg/qcm — ziemlich gering und macht sich um so mehr geltend, je höher die Spannung steigt.

Unter den zusammenfassenden Schlussbemerkungen zum Abschnitt II auf S. 46 ist unter anderem hervorgehoben worden, dass das Materialgefüge von Gusseisen unter dem Einflusse zunehmender Wechselbelastung gelockert wird. In Tafel 5 oben ist diese Tatsache noch weiterhin dadurch zum Ausdruck gebracht worden, dass ausser den bleibenden Formänderungen, welche sich bei Zugbelastung allein für den ursprünglichen Zustand des Materials ergeben haben, gekennzeichnet durch Linienzug 6, auch noch die an Körper 2 für die Wechselbelastung 1200 kg/qcm bestimmten Zugreste eingetragen wurden, Linienzug 7. Man erkennt, dass die für Gusseisen an und für sich grossen Zugreste durch Wechselbelastung noch erheblich vergrössert werden.

2. Druckelastizität.

Gusseisenkörper 4.

Querschnittsform a. Fig. 4 (S. 6).

Querschnittsabmessungen des prismatischen Teils im Mittel . . $\begin{cases} a = 7{,}06 \text{ cm} \\ b = 7{,}08 \text{ „} \end{cases}$

Querschnitt . . . . $7{,}06 \cdot 7{,}08 = 50{,}0$ qcm

Gewicht in der Luft . . . . . . 30,457 kg

„ unter Wasser . . . . . . 26,227 „

Unterschied . . . . 4,230 kg

spezifisches Gewicht . . . . $\frac{30{,}457}{4{,}230} = 7{,}200.$

Körper 4 wurde in gleicher Weise auf Druck geprüft wie Körper 3 auf Zug. Die Belastung des mittleren Querschnitts durch halbes Eigengewicht und Messvorrichtung betrug rund 26 kg.

1. Versuchsreihe.

Temperatur im Versuchsraum nahezu konstant 21,8 ° C.

Belastung in kg		Zusammendrückung auf 50 cm in $\frac{1}{1200}$ cm		
gesamte	kg/qcm	gesamte	bleibende	federnde
26 und 7500	0,5 und 150	7,04	0,00	7,04
26 „ 15000	0,5 „ 300	14,62	0,31	14,31
26 „ 22500	0,5 „ 450	22,80	1,09	21,71
26 „ 30000	0,5 „ 600	33,25	2,02	29,23

Die federnden Zusammendrückungen liefern

für den Spannungsunterschied	als Dehnungskoeffizienten
0,5 und 150 kg	$\frac{1}{1\,274\,148}$
150 „ 300 „	$\frac{1}{1\,237\,964}$
300 „ 450 „	$\frac{1}{1\,216\,216}$
450 „ 600 „	$\frac{1}{1\,196\,808}$

Um über die Veränderung des Dehnungskoeffizienten, die durch steigende Druckbelastung entsteht, Aufschluss zu erhalten, wurde jeweils am Schluss einer Belastungsstufe die Elastizität auf sämtlichen vorhergehenden nochmals bestimmt. Es fand sich

am Schlusse von Belastungsstufe	für den Spannungsunterschied in kg/qcm	als Federung auf 50 cm in $\frac{1}{1200}$ cm
26 und 15000 kg	0,5 und 150	7,14
26 „ 22500 „	0,5 „ 150	7,14
	0,5 „ 300	14,35
26 „ 30000 „	0,5 „ 150	7,17
	0,5 „ 300	14,42
	0,5 „ 450	21,78

Die Veränderung der Federungen ist kaum merkbar, sie ist jedenfalls viel geringer als diejenige durch steigende Zugbelastung (vergl. S. 48).

3. Versuchsreihe.

Prüfung nach 36 Stunden, Temperatur im Versuchsraum 21,8° C.

Belastung in kg		Zusammendrückung auf 50 cm in $\frac{1}{1200}$ cm			
gesamte	kg/qcm	gesamte	bleibende	federnde	Differenz
26 und 7500	0,5 und 150	7,14	0,00	7,14	7,14
26 „ 15000	0,5 „ 300	14,42	0,00	14,42	7,28
26 „ 22500	0,5 „ 450	21,79	0,00	21,79	7,37
26 „ 30000	0,5 „ 600	29,23	0,01	29,22	7,43

Eine elastische Rückbildung der federnden Zusammendrückungen, ähnlich wie bei den Dehnungen (s. S. 48 und 49), ist nach der vorhergehenden Bemerkung nicht möglich.

Gusseisenkörper 4.

Querschnittsform b. Fig. 4. (S. 6).

Querschnittsabmessungen des prismatischen Teils im Mittel . . $\begin{cases} a' = 4{,}99 \text{ cm} \\ b' = 5{,}00 \text{ „} \end{cases}$

Querschnitt . . . . 4,99 · 5,00 = 25,0 qcm

Gewicht in der Luft . . . . . . 23,136 kg

„ unter Wasser . . . . . . 19,920 „

Unterschied . . . . 3,216 kg

spezifisches Gewicht . . . . $\frac{23{,}136}{3{,}216} = 7{,}194.$

Belastung des mittleren Querschnitts durch Eigengewicht und Messvorrichtung . . 22 kg.

Belastung in kg		3. Versuchsreihe Temperatur im Versuchsraum nahezu konstant 21,8 °C. Zusammendrückung auf 35 cm in $\frac{1}{1200}$ cm			4. Versuchsreihe Temperatur im Versuchsraum nahezu konstant 21,8 °C. Zusammendrückung auf 35 cm in $\frac{1}{1200}$ cm		
gesamte	kg/qcm	gesamte	bleibende	federnde	gesamte	bleibende	federnde
22 u. 7500	0,9 u. 300	10,65	0,22	10,43	10,58	0,00	10,58
22 „ 15000	0,9 „ 600	22,31	0,92	21,39	21,50	0,00	21,50
22 „ 22500	0,9 „ 900	35,51	2,91	32,60	—	—	—
22 „ 30000	0,9 „ 1200	—	—	—	46,60	2,64	43,96

Die federnden Zusammendrückungen liefern

für den Spannungsunterschied	die Dehnungskoeffizienten
600 und 900 kg (aus Versuchsreihe 3)	$\frac{1}{1\,123\,996}$
900 „ 1200 „ („ „ 4)	$\frac{1}{1\,109\,155}$

5. Versuchsreihe.

Temperatur nahezu konstant 21,8 °C.

Belastung in kg		Zusammendrückung auf 35 cm in $\frac{1}{1200}$ cm		
gesamte	kg/qcm	gesamte	bleibende	federnde
22 und 7500	0,9 und 300	10,65	0,00	10,65
22 „ 15000	9,9 „ 600	21,73	0,00	21,73
22 „ 22500	0,9 „ 900	32,81	0,00	32,81

Die Versuchsreihen 4 und 5, die unmittelbar im Anschluss an 3 durchgeführt sind, zeigen auch für die hohen Belastungen nur eine verhältnismässig geringe Vergrösserung der Druckelastizität unter steigender Belastung.

In Tafel 5 unten sind die an Körper 4 gewonnenen Versuchsergebnisse in der üblichen Weise graphisch dargestellt worden. Linienzug 1 gibt die Druckfederungen für den ursprünglichen Zustand des Materials (Querschnittsform a), Linienzug 2 denselben Zustand für Querschnittsform b. Die Veränderung der Elastizität unter zunehmender Druckbelastung ist so klein, dass es bei dem Massstabe der Figur nur möglich war, diejenige für die höchste Druckbelastung 1200 kg/qcm einzuzeichnen, Linienzug 3. Der Vergleich der Linienzüge 2 und 3 bei Druck mit den gleichbedeutenden Linienzügen 2 und 4 in der oberen Figur der Tafel 5 bei Zug zeigt, dass unter steigender Druckbelastung der Zustand des Materials viel weniger verändert wird als unter steigender Zugbelastung.

In der unteren Figur der Tafel 5 (für Druck) wurden ähnlich wie in der oberen (für Zug) auch noch die Druckfederungen eingetragen, die sich für die Wechselbelastung 1200 kg/qcm an Körper 2 ergeben haben, und zwar als Linienzug 4. Seine Lage zu den übrigen Linien, namentlich zu Linie 3, lässt erkennen, dass die Druckelastizität durch Wechselbelastung bedeutend stärker verändert wird als durch Druckbelastung allein, und zwar im Gegensatz zu Zug (vergl. Linienzug 4 und 5 der oberen Figur) schon von den untersten Belastungsstufen ab.

Schliesslich sind in der Figur noch die bleibenden Zusammendrückungen für den ursprünglichen Zustand des Materials und aus den Messungen an Körper 2 die Druckreste für die Wechselbelastung 1200 kg/qcm eingezeichnet worden. Es zeigt sich ebenso wie für Zug eine ganz bedeutende Lockerung des Materials, namentlich für Spannungen oberhalb 900 kg/qcm.

IV. Formänderungen, hervorgerufen durch sehr kleine Spannungen.

Im Abschnitt I hat sich bei der Untersuchung von Körper 1 unter anderem ergeben, dass bis zu der Spannung rund 300 kg/qcm der Dehnungskoeffizient gegenüber Zug und Druck so gut wie gleich ist (vergl. S. 20). Angesichts dieses Ergebnisses drängt sich die Vermutung auf, dass die für das untersuchte Gusseisen bei Zug und Druck an und für sich sehr flach verlaufenden Dehnungskurven unterhalb einer bestimmten Spannung vollständig in die Gerade übergehen. Um hierüber Gewissheit zu erlangen, wurden mit Körper 3 und 4 im ursprünglichen Zustande des Materials (also vor Durchführung der im Abschnitt III beschriebenen Versuche) Elastizitätsmessungen bei sehr kleinen Spannungen angestellt.

Untersuchung auf Zug.

Gusseisenkörper 3.

Querschnitt 50,0 qcm. Temperatur im Versuchsraum 21,8 °C.

Belastung in kg gesamte	Belastung in kg/qcm	Dehnung auf 50 cm in $\frac{1}{1200}$ cm gesamte	bleibende	federnde	Differenz der Federungen	Differenz der Spannungen
21 und 150	0,42 und 3	0,12	0,02	0,10		
21 „ 250	0,42 „ 5	0,24	0,04	0,20	0,10	2 kg
21 „ 500	0,42 „ 10	0,52	0,12	0,40	0,20	5 kg
21 „ 750	0,42 „ 15	0,75	0,15	0,60	0,20	
21 „ 1000	0,42 „ 20	1,00	0,16	0,84	0,24	
21 „ 1500	0,42 „ 30	1,49	0,16	1,33	0,49	10 kg
21 „ 2000	0,42 „ 40	1,98	0,17	1,81	0,48	
21 „ 2500	0,42 „ 50	2,50	0,23	2,27	0,46	
21 „ 3000	0,42 „ 60	3,01	0,28	2,73	0,46	
21 „ 4000	0,42 „ 80	4,01	0,37	3,64	0,91	20 kg
21 „ 5000	0,42 „ 100	5,00	0,41	4,59	0,95	

Untersuchung auf Druck.

Gusseisenkörper 4.

Querschnitt 50,0 qcm. Temperatur im Versuchsraum 21,8 °C.

Belastung in kg gesamte	kg/qcm	Zusammendrückung auf 50 cm in $\frac{1}{1200}$ cm gesamte	bleibende	federnde	Differenz der Federungen	Spannungen
26 und 150	0,52 und 3	0,10	0,00	0,10		
					0,08	2 kg
26 „ 250	0,52 „ 5	0,18	0,00	0,18		
					0,22	5 kg
26 „ 500	0,52 „ 10	0,40	0,00	0,40		
					0,20	5 kg
26 „ 750	0,52 „ 15	0,60	0,00	0,60		
					0,20	5 kg
26 „ 1000	0,52 „ 20	0,80	0,00	0,80		
					0,53	10 kg
26 „ 1500	0,52 „ 30	1,33	0,00	1,33		
					0,48	10 kg
26 „ 2000	0,52 „ 40	1,81	0,00	1,81		
					0,45	10 kg
26 „ 2500	0,52 „ 50	2,26	0,00	2,26		
					0,47	10 kg
26 „ 3000	0,52 „ 60	2,73	0,00	2,73		
					0,97	20 kg
26 „ 4000	0,52 „ 80	3,70	0,00	3,70		
					0,94	20 kg
26 „ 5000	0,52 „ 100	4,64	0,00	4,64		
					0,96	20 kg
26 „ 6000	0,52 „ 120	5,60	0,00	5,60		

Die vorstehenden Messungsergebnisse zeigen in der Tat, dass für das untersuchte Gusseisen innerhalb des Spannungsbereiches 3 und 120 kg/qcm ziemlich genaue Proportionalität zwischen Dehnung und Spannung besteht. Dieses Ergebnis könnte auf den ersten Anblick befremden, wird aber sofort verständlich, wenn man bedenkt, dass das untersuchte Gusseisen vermöge seines hohen Gehaltes an Schmiedeisen gegenüber gewöhnlichem grauem Gusseisen auch für hohe Spannungen einen sehr flachen Verlauf der Dehnungskurve aufweist. Für Schmiedeisen besteht ausgesprochen Proportionalität zwischen Dehnung und Spannung; es ist deshalb leicht möglich, dass ein sehr schmiedeisenreiches Gusseisen für sehr kleine Spannungen gleichfalls die genannte Gesetzmässigkeit besitzt.

Es ist hier der Ort, auf die neuesten Versuche in der bezeichneten Richtung, angestellt von Professor Dr. F. Kohlrausch und Dr. E. Grüneisen[1]), hinzuweisen, durch die nachgewiesen worden ist, dass für gewöhnliches graues Gusseisen selbst bis herab auf Spannungen von 0,173 kg/qcm noch keine Proportionalität zwischen Dehnung und Spannung besteht. Die von den genannten Autoren gemachten Beobachtungen konnten für das Spannungsintervall 0,173 und 86,5 kg/qcm durch das Potenzgesetz $\varepsilon = \alpha \cdot \sigma^m$ bei Wahl des Exponenten $m = 1{,}017$ mit ausreichender Genauigkeit zum Ausdruck gebracht werden. In einer von W. Schüle veröffentlichten Arbeit[2]): „Die Biegungslehre gerader Stäbe mit veränderlichem Dehnungskoeffizienten" hat der Verfasser die

[1]) Über die durch sehr kleine elastische Verschiebungen entwickelten Kräfte. Sitzungsberichte der Königl. Preuss. Akademie der Wissenschaften zu Berlin (Sitzung vom 14. November 1901).

[2]) Dinglers Polytechnisches Journal, 1902, S. 149.

von Kohlrausch und Grüneisen nachgewiesene Versuchskurve mit der Potenzkurve $\varepsilon = \alpha \cdot \sigma^m$, für m = 1,008 in Vergleich gebracht. Die Kurven in Fig. 1 der genannten Abhandlung zeigen in auffallender Weise ganz den gleichen Verlauf.

Aus den vorstehenden Ausführungen geht hervor:

1. Der Verlauf der Dehnungskurve für sehr kleine Spannungen ist bei Gusseisen in hohem Masse von der Beschaffenheit des Materials abhängig.
2. Es ist bis heute noch nicht nachgewiesen, ob für gewöhnliches graues Gusseisen die Dehnungskurve noch vor Erreichung der Spannung Null in eine Gerade übergeht oder nicht.

C. Versuche mit Flusseisen.

Aus der für die Versuchskörper verwendeten Flusseisenstange von rund 60 mm Durchmesser wurde zunächst ein Probestab gewöhnlicher Art herausgearbeitet. Die Hauptabmessungen desselben betrugen:

Durchmesser d im mittleren zylindrischen Teil 1,99 cm

Querschnitt . . . . $\frac{\pi}{4}\, 1{,}994^2 = 3{,}12$ qcm

Messlänge . . . . 15,0 cm.

Das Material war vor der Bearbeitung sorgfältig ausgeglüht worden. Die folgende Elastizitätsprüfung wurde in einer Werderschen Zugmaschine mit dem Spiegelapparat von Bauschinger durchgeführt.

Temperatur im Versuchsraum 21,6 bis 21,7 °C.

Belastung in kg		Verlängerung auf 15 cm in $\frac{1}{1000}$ cm			Unterschied der Federungen
gesamte	kg/qcm	gesamte	bleibende	federnde	
1000 und 2500	320,5 und 801,3	3,67	0,29	3,38	3,38
1000 „ 4000	320,5 „ 1282,1	7,14	0,33	6,81	3,43
1000 „ 5500	320,5 „ 1762,8	10,64	0,40	10,24	3,43
1000 „ 7000	320,5 „ 2243,6	14,35	0,69	13,66	3,42

Aus dem Mittel der Federungen 3,42 bestimmt sich der Dehnungskoeffizient

$$\alpha = \frac{3{,}42}{15 \cdot 1000}\ \frac{1}{480{,}8} = \frac{1}{2108771}.$$

An demselben Probestab wurden weiter ermittelt:

die Streckgrenze . . . . 2820 kg/qcm
„ Zugfestigkeit . . . . 4292 „
„ Bruchdehnung auf 200 mm (nach dem Bruch gemessen) 23,5 v. H.
„ Querschnittsverminderung . . . . 43,3 v. H.

Das verwendete Material kennzeichnet sich hierdurch als ein Flusseisen von durchnittlicher Beschaffenheit.

Aus derselben Flusseisenstange wurden nun 4 Versuchskörper von der in Fig. 5 abgebildeten Gestalt herausgearbeitet. Sie wurden vor der Bearbeitung sorgfältig ausgeglüht, sodass man annehmen darf, das Material habe bei sämtlichen Versuchskörpern denselben Anfangszustand besessen. Der Querschnitt war kreisrund, an den Enden war Gewinde aufgeschnitten, auf das zwei Muttern mit kugelförmigen Ansätzen geschraubt wurden. Bei Zug wurden diese in entsprechende Kugellager der Zugmaschine gehängt, bei Druck erfolgte die Kraftäusserung auf die Stirnflächen der Muttern. Die Kraftübertragung von der Mutter auf den Stab war demnach bei beiden Belastungsarten die gleiche.

Fig. 5.

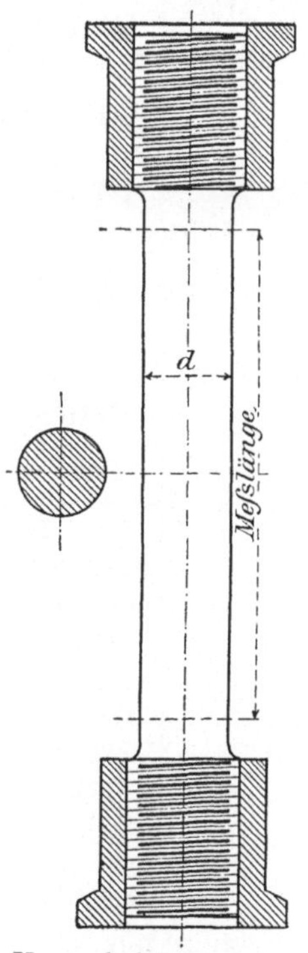

Versuchskörper aus Flusseisen

Flusseisenkörper 1.

Durchmesser d im mittleren zylindrischen Teil . . . . 4,37 cm

Querschnitt . . . . . . $\frac{\pi}{4} \cdot 4{,}37^2 = 15{,}0$ qcm

Gewicht in der Luft . . . . 7,680 kg
„ unter Wasser . . . . 6,701 „

Unterschied . . . . 0,979 kg

spezifisches Gewicht . . . . . . $\frac{7{,}680}{0{,}979} = 7{,}84$

Messlänge . . . . 35 cm

Belastung des mittleren Querschnitts durch Eigengewicht, Mutter und Messvorrichtung . . . . { bei Zug 15 kg, „ Druck 18 „ .

Dieser Körper wurde genau wie Gusseisenkörper 1 geprüft (vergl. die Beschreibung der Versuchsausführung S. 7 u. f.). Sämtliche Belastungsstufen wurden mit Zug begonnen. Die Temperatur im Versuchsraum wurde während der einzelnen Versuche möglichst konstant gehalten (grösste Schwankungen $\pm \frac{1}{10}$ °C.).

Belastungsstufe 1, 2 und 3.

Mittlere Temperatur im Versuchsraum 23,0 ° C.

Wechsel zwischen Zug und Druck	Reihenfolge der Versuchsreihen	Zug Ausdehnung auf 35 cm in $\frac{1}{1200}$ cm			Reihenfolge der Versuchsreihen	Druck Zusammendrückung auf 35 cm in $\frac{1}{1200}$ cm		
		gesamte	bleibende	federnde		gesamte	bleibende	federnde
		Belastungsstufe 1 gesamte Belastg. 15 und 12000 kg auf den qcm 1 „ 800 „				Belastungsstufe 1 gesamte Belastg. 18 und 12000 kg auf den qcm 1,2 „ 800 „		
1	1	15,94	0,29	15,65	2	16,16	0,29	15,87
2	3	15,91	0,26	15,65	4	16,21	0,33	15,88
3	5	15,99	0,35	15,64	6	16,16	0,34	15,82
4	7	15,93	0,35	15,61	8	16,19	0,31	15,88
		Mittel der Federung		15,64		Mittel der Federung		15,86
		Belastungsstufe 2 gesamte Belastg. 15 und 24000 kg auf den qcm 1 „ 1600 „				Belastungsstufe 2 gesamte Belastg. 15 und 24000 kg auf den qcm 1,2 „ 1600 „		
1	1	31,66	0,35	31,31	2	32,33	0,52	31,81
2	3	31,66	0,47	31,19	4	32,45	0,57	31,88
3	5	32,15	0,50	31,55	6	32,46	0,56	31,90
4	7	31,98	0,51	31,47	8	32,48	0,57	31,91
5	9	32,10	0,57	31,53	10	32,47	0,53	31,94
6	11	31,85	0,43	31,42	12	32,42	0,54	31,88
		Mittel der Federung		31,31		Mittel der Federung		31,89
		Ausdehnung auf 25 cm in $\frac{1}{1200}$ cm				Zusammendrückung auf 25 cm in $\frac{1}{1200}$ cm		
		Belastungsstufe 3 gesamte Belastg. 15 und 36000 kg auf den qcm 1 „ 2400 „				Belastungsstufe 3 gesamte Belastg. 15 und 36000 kg auf den qcm 1,2 „ 2400 „		
1	1	35,22	1,41	33,81	2	37,71	3,14	34,57
2	3	37,32	3,18	34,06	4	37,58	2,99	34,59
3	5	36,88	2,86	34,02	6	37,44	2,87	34,57
4	7	37,18	3,13	34,05	8	37,20	2,61	34,59
5	9	37,04	3,03	34,01	10	37,39	2,81	34,58
		Mittel der Federung		33,99		Mittel der Federung		34,58

Die Veränderung der Federung durch konstante Wechselbelastung zwischen Zug und Druck ist nach diesen Messungen bis zu Spannungen von 2400 kg/qcm so klein, dass mit Rücksicht auf den Genauigkeitsgrad der Messung von einem gesetzmässigen Unterschied nicht die Rede sein kann. Die Mittelwerte für die einzelnen Belastungsstufen lassen erkennen, dass Zug- und Druckelastizität bei dem vorliegenden Material nicht ganz gleich sind. Der Unterschied nimmt mit steigender Belastung ab. Der letztere Umstand nötigt zu der Annahme, dass das Material trotz des vorhergegangenen Ausglühens im Anfangszustand nicht ganz spannungslos war. Aus dieser Annahme liessen sich auch die schlechte Proportionalität zwischen Dehnung und Spannung sowie die bei einzelnen Zugstufen sich zeigenden grösseren Unterschiede in den Federungen erklären.

Dass die bleibenden Dehnungen für Belastungsstufe 3 nicht die Gleichmässigkeit zeigen wie für die vorhergehenden, erklärt sich daraus, dass diese Stufe schon ganz in der Nähe der Streck- bezw. Quetschgrenze liegt.

Am Schlusse der Belastungsstufen 2 und 3 wurde jeweils noch durch Elastizitätsmessungen gewöhnlicher Art der Zustand bestimmt, in den das Material durch die konstante Wechselbelastung gebracht worden war. Diese Messungen lieferten folgendes Ergebnis.

Zug.

Mittlere Temperatur im Versuchsraum 22,8 ° C.

Vorhergegangene Belastung	Belastung in kg		Messlänge in cm	Ausdehnung in $\frac{1}{1200}$ cm			Unterschied der Federungen
kg/qcm	gesamte	kg/qcm		gesamte	bleibende	federnde	
1 u. 1600	15 und 12000	1 und 800	35,0	15,96	0,25	15,71	15,71
	15 „ 24000	1 „ 1600		31,85	0,43	31,42	15,71
1 u. 2400	15 und 600	1 und 400	25,0	5,78	0,19	5,59	5,59
	15 „ 12000	1 „ 800		11,68	0,43	11,25	5,66
	15 „ 18000	1 „ 1200		17,71	0,82	16,89	5,64
	15 „ 24000	1 „ 1600		23,90	1,37	22,53	5,64
	15 „ 30000	1 „ 2000		30,20	2,00	28,20	5,67
	15 „ 36000	1 „ 2400		36,80	2,81	33,99	5,79

Druck.

Mittlere Temperatur im Versuchsraum 22,8 ° C.

Vorhergegangene Belastung	Belastung in kg		Messlänge in cm	Zusammendrückung in $\frac{1}{1200}$ cm			Unterschied der Federungen
kg/qcm	gesamte	kg/qcm		gesamte	bleibende	federnde	
1,2 u. 1600	18 und 12000	1,2 und 800	35,0	16,15	0,22	15,93	15,93
	18 „ 24000	1,2 „ 1600		32,42	0,54	31,88	15,95
1,2 u. 2400	18 und 6000	1,2 und 400	25,0	5,83	0,09	5,74	5,74
	18 „ 12000	1,2 „ 800		11,82	0,33	11,49	5,75
	18 „ 18000	1,2 „ 1200		17,93	0,72	17,21	5,72
	18 „ 24000	1,2 „ 1600		24,18	1,23	22,95	5,74
	18 „ 30000	1,2 „ 2000		30,51	1,82	28,69	5,74
	18 „ 36000	1,2 „ 2400		36,90	2,44	34,46	5,77

Die Prüfungen zeigen unter sich ziemlich gute Proportionalität zwischen Federung und Spannung. Am Schlusse von Belastungsstufe 3 ist das Material gegenüber Zug merkbar elastischer geworden. Ob diese Veränderung vom Wechsel der Belastung oder davon herrührt, dass das Material bis annähernd an die Streckgrenze belastet wurde, ist nicht zu entscheiden[1]).

Bemerkenswert ist bei der letzten Prüfung noch die Zunahme der bleibenden Formänderungen. Nach den Erfahrungen mit Gusseisen könnte man versucht sein, diesen Umstand auch bei Flusseisen auf eine gewisse Lockerung des Gefüges durch Wechselbelastung zurückzuführen; es ist jedoch wahrscheinlich, dass auch bei dieser Vergrösserung die Nähe der Streck- bezw. Quetschgrenze nicht ohne Einfluss war.

Flusseisenkörper 2.

Durchmesser d im mittleren zylindrischen Teil . . . . 4,52 cm

Querschnitt . . . . . $\frac{\pi}{4} \cdot 4{,}52^2 = 16{,}0$ qcm

Gewicht in der Luft . . . . . . 6,693 kg

„ unter Wasser . . . . . . 5,841 „

Unterschied . . . . 0,852 kg

spezifisches Gewicht . . . . $\frac{6{,}693}{0{,}852} = 7{,}85$.

Messlänge . . . . 25 cm

Belastung des mittleren Querschnitts durch Eigengewicht, Mutter und Messvorrichtung . . . . . { bei Zug 14 kg, „ Druck 17 kg.

Bei der Prüfung an Körper 1 stellte sich heraus, dass bei einer Messlänge von 35 cm für ganz hohe Belastungen das Verhältnis zwischen Querschnitt und freier Knicklänge kaum mehr ausreiche. Um in dieser Beziehung ganz sicher zu gehen, wurde den für Druckprüfung bestimmten Körpern 2 und 4 eine kleinere Messlänge, und zwar 25 cm gegeben.

Bei Körper 2 wurden im Unterschied zu Körper 1 sämtliche Belastungsstufen mit Druck begonnen. Im übrigen war die Untersuchung die gleiche.

---

[1]) Nach den Versuchsergebnissen für Körper 3 (S. 66) können Belastungen bis in die Nähe der Streckgrenze die Elastizität des Materials merkbar vergrössern.

Belastungsstufe 1 bis 7.

Mittlere Temperatur im Versuchsraum 19,8 °C.

Wechsel zwischen Druck und Zug	Reihenfolge der Versuchsreihen	Druck: Zusammendrückung auf 25 cm in $\frac{1}{1200}$ cm — gesamte	bleibende	federnde	Reihenfolge der Versuchsreihen	Zug: Ausdehnung auf 25 cm in $\frac{1}{1200}$ cm — gesamte	bleibende	federnde
		Belastungsstufe 1 gesamte Belastg. 17 und 6000 kg auf den qcm 1,1 „ 375 „				Belastungsstufe 1 gesamte Belastg. 14 und 6000 kg auf den qcm 0,9 „ 375 „		
1	1	5,36	0,06	5,33	2	5,26	0,06	5,20
2	3	5,36	0,05	5,33	4	5,28	0,07	5,21
3	5	5,36	0,06	5,30	6	5,27	0,07	5,20
4	7	5,38	0,07	5,31	8	5,27	0,06	5,20
5	9	5,38	0,08	5,30		—	—	—
		Mittel der Federung		5,31		Mittel der Federung		5,20
		Belastungsstufe 2 gesamte Belastg. 17 und 12000 kg auf den qcm 1,1 „ 750 „				Belastungsstufe 2 gesamte Belastg. 14 und 12000 kg auf den qcm 0,9 „ 750 „		
1	1	10,80	0,20	10,60	2	10,63	0,21	10,42
2	3	10,73	0,20	10,53	4	10,60	0,19	10,41
3	5	10,76	0,21	10,55	6	10,62	0,20	10,42
4	7	10,78	0,24	10,54	8	10,62	0,20	10,42
		Mittel der Federung		10,56		Mittel der Federung		10,42
		Belastungsstufe 3 gesamte Belastg. 17 und 18000 kg auf den qcm 1,1 „ 1125 „				Belastungsstufe 3 gesamte Belastg. 14 und 18000 kg auf den qcm 0,9 „ 1125 „		
1	1	16,11	0,25	15,86	2	15,85	0,23	15,62
2	3	16,21	0,29	15,92	4	15,89	0,27	15,62
3	5	16,17	0,25	15,92	6	15,85	0,23	15,62
4	7	16,17	0,26	15,91	8	15,82	0,20	15,62
		Mittel der Federung		15,90		Mittel der Federung		15,62
		Belastungsstufe 4 gesamte Belastg. 17 und 24000 kg auf den qcm 1,1 „ 1500 „				Belastungsstufe 4 gesamte Belastg. 14 und 24000 kg auf den qcm 0,9 „ 1500 „		
1	1	21,40	0,22	21,18	2	21,44	0,47	20,97
2	3	21,42	0,24	21,18	4	21,36	0,34	21,02
3	5	21,45	0,26	21,19	6	21,46	0,38	21,08
4	7	21,45	0,26	21,19	8	21,40	0,41	20,99
5	9	21,49	0,31	21,18	10	21,39	0,35	21,04
		Mittel der Federung		21,18		Mittel der Federung		21,02

Wechsel zwischen Druck und Zug	Reihenfolge der Versuchsreihen	Druck Zusammendrückung auf 25 cm in $\frac{1}{1200}$ cm			Reihenfolge der Versuchsreihen	Zug Ausdehnung auf 25 cm in $\frac{1}{1200}$ cm		
		gesamte	bleibende	federnde		gesamte	bleibende	federnde
		Belastungsstufe 5				Belastungsstufe 5		
		gesamte Belastg. 17 und		30000 kg		gesamte Belastg. 14 und		30000 kg
		auf den qcm	1,1 „	1875 „		auf den qcm	0,9 „	1875 „
1	1	26,94	0,39	26,55	2	26,76	0,40	26,36
2	3	26,80	0,26	26,54	4	26,80	0,39	26,41
3	5	27,02	0,43	26,59	6	26,77	0,43	26,34
4	7	26,81	0,28	26,53	8	26,76	0,43	26,34
		Mittel der Federung		26,55		Mittel der Federung		26,36
		Belastungsstufe 6				Belastungsstufe 6		
		gesamte Belastg. 17 und		36000 kg		gesamte Belastg. 14 und		36000 kg
		auf den qcm	1,1 „	2250 „		auf den qcm	0,9 „	2250 „
1	1	32,22	0,37	31,85	2	32,37	0,41	31,96
2	3	32,38	0,49	31,89	4	32,50	0,53	31,97
3	5	32,61	0,65	31,96	6	32,42	0,47	31,95
4	7	32,39	0,42	31,97	8	32,36	0,45	31,91
		Mittel der Federung		31,92		Mittel der Federung		31,95
		Belastungsstufe 7				Belastungsstufe 7		
		gesamte Belastg. 17 und		42000 kg		gesamte Belastg. 14 und		42000 kg
		auf den qcm	1,1 „	2625 „		auf den qcm	0,9 „	2625 „
1	1	38,02	0,67	37,35	2	37,97	0,79	37,18
2	3	38,04	0,64	37,40	4	37,83	0,69	37,14
		Mittel der Federung		37,38		Mittel der Federung		37,16

Bei der letzten Belastungsstufe wurde der Wechsel nicht fortgesetzt, da keine Veränderung zu erwarten stand und für die Zugmaschine die hohe Belastung nicht ratsam schien.

Die gewonnenen Ergebnisse bestätigen im allgemeinen das für Körper 1 gefundene Resultat: Eine Veränderung des Dehnungskoeffizienten durch fortgesetzte, konstante Wechselbelastung zwischen Zug und Druck ist nicht festzustellen. Die beiden Elastizitäten sind für den Anfangszustand des Materials, wie bei Körper 1, nicht ganz gleich; der Unterschied verliert sich mit steigendem Belastungswechsel. Die Differenzen der mittleren Federungen für die 5 letzten Belastungsstufen liefern im Mittel:

für Druck, für Zug

$$\frac{5,28+5,37+5,37+5,46}{4}=5,37, \qquad \frac{5,40+5,34+5,59+5,21}{4}=5,38.$$

Die ursprüngliche Verschiedenheit hängt voraussichtlich damit zusammen, dass das Material im Anfangszustande nicht ganz spannungslos war.

Am Schlusse jeder Belastungsstufe wurde der Zustand des Materials für alle vorhergehenden Belastungsstufen durch je eine Zug- und eine Druckelastizitätsmessung nochmals genau festgestellt. Das Ergebnis dieser Messungen war das folgende.

Druck.

Mittlere Temperatur im Versuchsraum 20,2 ° C.

Vorhergegangene Belastung kg/qcm	Belastung in kg gesamte	Belastung in kg kg/qcm	Zusammendrückung auf 25 cm in $\frac{1}{1200}$ cm gesamte	bleibende	federnde	Unterschied der Federungen
1,1 und 750	17 und 6000	1,1 und 375	5,40	0,10	5,30	5,30
	17 „ 12000	1,1 „ 750	10,78	0,24	10,54	5,24
1,1 und 1125	17 und 6000	1,1 und 375	5,41	0,10	5,31	5,31
	17 „ 12000	1,1 „ 750	10,80	0,20	10,60	5,29
	17 „ 18000	1,1 „ 1125	16,17	0,26	15,91	5,31
1,1 und 1500	17 und 6000	1,1 und 375	5,40	0,09	5,31	5,32
	17 „ 12000	1,1 „ 750	10,80	0,21	10,59	5,28
	17 „ 18000	1,1 „ 1125	16,17	0,26	16,91	5,32
	17 „ 24000	1,1 „ 1500	21,49	0,31	21,18	5,24
1,1 und 1875	17 und 6000	1,1 und 375	5,38	0,10	5,28	5,28
	17 „ 12000	1,1 „ 750	10,77	0,17	10,60	5,32
	17 „ 18000	1,1 „ 1125	16,12	0,22	15,90	5,36
	17 „ 24000	1,1 „ 1500	21,44	0,27	21,17	5,27
	17 „ 30000	1,1 „ 1875	26,81	0,28	26,53	5,36
1,1 und 2250	17 und 6000	1,1 und 375	5,41	0,10	5,31	5,31
	17 „ 12000	1,1 „ 750	10,81	0,20	10,61	5,30
	17 „ 18000	1,1 „ 1125	16,15	0,24	15,91	5,30
	17 „ 24000	1,1 „ 1500	21,56	0,32	21,24	5,33
	17 „ 30000	1,1 „ 1875	26,96	0,39	26,57	5,33
	17 „ 36000	1,1 „ 2250	32,39	0,42	31,97	5,40

Zug.

Mittlere Temperatur im Versuchsraum 20,2 ° C.

Vorhergegangene Belastung kg/qcm	Belastung in kg gesamte	Belastung in kg kg/qcm	Ausdehnung auf 25 cm in $\frac{1}{1200}$ cm gesamte	bleibende	federnde	Unterschied der Federungen
0,9 und 750	14 und 6000	0,9 und 375	5,28	0,09	5,19	5,19
	14 „ 12000	0,9 „ 750	10,62	0,20	10,42	5,23
0,9 und 1120	14 und 6000	0,9 und 375	5,26	0,07	5,19	5,19
	14 „ 12000	0,9 „ 750	10,59	0,17	10,42	5,23
	14 „ 18000	0,9 „ 1125	15,82	0,20	15,62	5,20

Vorhergegangene Belastung kg/qcm	Belastung in kg gesamte	Belastung in kg/qcm	Ausdehnung auf 25 cm in $\frac{1}{1200}$ cm gesamte	bleibende	federnde	Unterschied der Federungen
0,9 und 1500	14 und 6000	0,9 und 375	5,36	0,12	5,24	5,24
	14 „ 12000	0,9 „ 750	10,70	0,22	10,48	5,24
	14 „ 18000	0,9 „ 1125	16,03	0,30	15,73	5,25
	14 „ 24000	0,9 „ 1500	21,39	0,35	21,04	5,31
0,9 und 1874	14 und 6000	0,9 und 375	5,34	0,11	5,23	5,23
	14 „ 12000	0,9 „ 750	10,67	0,21	10,46	5,23
	14 „ 18000	0,9 „ 1125	16,00	0,30	15,70	5,24
	14 „ 24000	0,9 „ 1500	21,32	0,37	20,95	5,25
	14 „ 30000	0,9 „ 1875	26,56	0,43	26,24	5,29
0,9 und 2250	14 und 6000	0,9 und 375	5,38	0,11	5,27	5,27
	14 „ 12000	0,9 „ 750	10,78	0,21	10,57	5,30
	14 „ 18000	0,9 „ 1125	16,19	0,28	15,91	5,34
	14 „ 24000	0,9 „ 1500	22,54	0,32	21,22	5,31
	14 „ 30000	0,9 „ 1875	26,90	0,37	26,53	5,31
	14 „ 36000	0,9 „ 2250	32,36	0,45	31,91	5,38

Die einzelnen Prüfungen zeigen unter sich Proportionalität zwischen Federung und Spannung. Von Belastungsstufe 4 ab (1500 kg/qcm) erscheinen die Federungen gegenüber Zug und Druck annähernd gleich. Der Dehnungskoeffizient verändert sich durch steigenden Belastungswechsel nicht.

Die für Körper 1 festgestellte Zunahme der bleibenden Formänderung am Schlusse der höchsten Belastungsstufe ist, wie schon erwähnt, wesentlich durch die Nähe der Streck- und Quetschgrenze bedingt. Für Körper 2 liegen diese Grenzen höher als für Körper 1.

Das Ergebnis der Untersuchungen an Körper 1 und 2 lässt sich dahin zusammenfassen:

Der Dehnungskoeffizient für Flusseisen wird innerhalb der Versuchsgrenzen weder durch konstante noch durch zunehmende Wechselbelastung zwischen Zug und Druck verändert.

Es erschien schliesslich noch wünschenswert, zu untersuchen, ob die bei Wechselbelastung erhaltenen bleibenden Formänderungen andere sind, als die bei Zug- oder Druckbelastung allein. Hierzu war es nötig, noch zwei weitere Körper 3 und 4 nur bei gleichartiger Beanspruchung zu untersuchen. Es wurde Körper 3 nur auf Zug, Körper 4 nur auf Druck geprüft.

Flusseisenkörper 3.

Durchmesser d im mittleren zylindrischen Teil . . . . 4,37 cm

Querschnitt . . . . . $\frac{\pi}{4} \cdot 4{,}37^2 = 15{,}0$ qcm

Gewicht in der Luft . . . . . . 7,713 kg

„ unter Wasser . . . . . . 6,731 „

Unterschied . . . . 0,982 kg

spezifisches Gewicht . . . . $\frac{7{,}713}{0{,}982} = 7{,}85.$

Messlänge . . . . 35 cm

Belastung des mittleren Querschnitts durch Eigengewicht, Mutter und Messvorrichtung 15 kg.

Körper 3 wurde nur auf Zug geprüft.

1. Prüfung.

Temperatur im Versuchsraum nahezu unveränderlich 23,0 ° C.

Belastung in kg		Ausdehnung auf 35 cm in $\frac{1}{1200}$ cm			Unterschied der Federungen
gesamte	kg/qcm	gesamte	bleibende	federnde	
15 und 6000	1 und 400	7,87	0,08	7,79	
					7,79
15 „ 12000	1 „ 800	15,75	0,14	15,61	
					7,82
15 „ 18000	1 „ 1200	23,58	0,18	23,40	
					7,79
15 „ 24000	1 „ 1600	32,33	0,18	31,15	
					7,75
15 „ 30000	1 „ 2000	39,17	0,27	38,90	
					7,75
15 „ 36000	1 „ 2400	47,08	0,42	46,66	
					7,76
				Mittel	7,78

2. Prüfung

unmittelbar im Anschluss an Prüfung 1 durchgeführt.

Temperatur im Versuchsraum nahezu unveränderlich 23,0 ° C.

Belastung in kg		Ausdehnung auf 35 cm in $\frac{1}{1200}$ cm			Unterschied der Federungen
gesamte	kg qcm	gesamte	bleibende	federnde	
15 und 6000	1 und 400	7,75	0,00	7,75	
					7,75
15 „ 12000	1 „ 800	15,50	0,00	15,50	
					7,81
15 „ 18000	1 „ 1200	23,31	0,00	23,31	
					7,80
15 „ 24000	1 „ 1600	31,13	0,02	31,11	
					7,77
15 „ 30000	1 „ 2000	38,90	0,02	38,88	
					7,78
15 „ 36000	1 „ 2400	46,72	0,06	46,66	
				Mittel	7,78

Die mittleren Federungen der beiden Prüfungen für den Spannungsunterschied 400 kg sind gleich, ein Beweis dafür, dass sich der Dehnungskoeffizient durch steigende Zugbelastung allein nicht ändert. Derselbe berechnet sich zu $\frac{1}{2154000}$.

Die folgende 3. Prüfung ist durchgeführt, nachdem der Versuchskörper bis auf die Streckgrenze (2833 kg/qcm) belastet worden war.

3. Prüfung.

Temperatur im Versuchsraum nahezu unveränderlich 23,0 °C.

Belastung in kg		Ausdehnung auf 35 cm in $\frac{1}{1200}$ cm			Unterschied der Federungen
gesamte	kg/qcm	gesamte	bleibende	federnde	
15 und 6000	1 und 400	7,83	0,00	7,83	7,83
15 „ 12000	1 „ 800	15,75	0,00	15,75	7,92
15 „ 18000	1 „ 1200	23,69	0,00	23,69	7,94
15 „ 24000	1 „ 1600	31,66	0,02	31,64	7,95
15 „ 30000	1 „ 2000	39,67	0,10	39,57	7,93
15 „ 36000	1 „ 2400	47,92	0,29	47,53	7,96
				Mittel	7,92

Durch Belasten bis auf die Streckgrenze ist das Material merklich elastischer geworden. Der Dehnungskoeffizient beträgt jetzt $\frac{1}{2115000}$.

Flusseisenkörper 4.

Durchmesser d im mittleren zylindrischen Teil . . . . 4,51 cm

Querschnitt . . . . . $\frac{\pi}{4} \cdot 4{,}51^2 = 16{,}0$ qcm

Gewicht in der Luft . . . . . . 6,647 kg

„ unter Wasser . . . . . . 5,800 „

Unterschied . . . . 0,847 kg

spezifisches Gewicht . . . . $\frac{6{,}647}{0{,}847} = 7{,}85$

Messlänge . . . . 25 cm

Belastung des mittleren Querschnitts durch Eigengewicht, Mutter und Messvorrichtung 17 kg.

Körper 4 wurde nur auf Druck geprüft.

1. Prüfung.

Temperatur im Versuchsraum nahezu unveränderlich 19,2 ° C.

Belastung in kg		Zusammendrückung auf 25 cm in $\frac{1}{1200}$ cm			Unterschied der Federungen
gesamte	kg/qcm	gesamte	bleibende	federnde	
17 und 6000	1,1 und 375	5,36	0,04	5,32	5,32
17 „ 12000	1,1 „ 750	10,81	0,11	10,70	5,38
17 „ 18000	1,1 „ 1125	16,25	0,18	16,07	5,37
17 „ 24000	1,1 „ 1500	21,69	0,21	21,48	5,41
17 „ 30000	1,1 „ 1875	27,17	0,29	26,88	5,40
17 „ 36000	1,1 „ 2250	32,62	0,40	32,22	5,34
				Mittel	5,37

2. Prüfung

unmittelbar im Anschluss an Prüfung 1 durchgeführt.
Temperatur im Versuchsraum nahezu unveränderlich 19,2 ° C.

Belastung in kg		Zusammendrückung auf 25 cm in $\frac{1}{1200}$ cm			Unterschied der Federungen
gesamte	kg/qcm	gesamte	bleibende	federnde	
17 und 6000	1,1 und 375	5,38	0,00	5,38	5,38
17 „ 12000	1,1 „ 750	10,72	0,00	10,72	5,34
17 „ 18000	1,1 „ 1125	16,08	0,00	16,08	5,36
17 „ 24000	1,1 „ 1500	21,44	0,00	21,44	5,36
17 „ 30000	1,1 „ 1875	26,80	0,00	26,80	5,36
17 „ 36000	1,1 „ 2250	32,21	0,02	32,19	5,39
				Mittel	5,37

Die Federungen der 1. und 2. Prüfung stimmen gut überein, der Dehnungskoeffizient ändert sich durch steigende Druckbelastung nicht.

Die 3. Prüfung ist durchgeführt, nachdem der Versuchskörper bis auf die Quetschgrenze (2688 kg/qcm) belastet worden war.

3. Prüfung.

Temperatur im Versuchsraum nahezu unveränderlich 19,2 ° C.

Belastung in kg		Zusammendrückung auf 25 cm in $\frac{1}{1200}$ cm			Unterschied der Federungen
gesamte	kg/qcm	gesamte	bleibende	federnde	
17 und 6000	1,1 und 375	5,38	0,00	5,38	5,38
17 „ 12000	1,1 „ 750	10,76	0,00	10,76	5,38
17 „ 18000	1,1 „ 1125	16,13	0,00	16,13	5,37
17 „ 24000	1,1 „ 1500	21,50	0,00	21,50	5,37
17 „ 30000	1,1 „ 1875	26,86	0,00	26,86	5,36
17 „ 36000	1,1 „ 2250	32,45	0,14	32,31	5,45
				Mittel	5,38

Auffallenderweise zeigt sich nach Überschreiten der Quetschgrenze keine merkbare Änderung des Materialzustandes. Der Dehnungskoeffizient beträgt $\frac{1}{2089000}$.

Die folgende Zusammenstellung soll den Unterschied der bleibenden Formänderungen bei Wechselbelastung und bei Zug- oder Druckbelastung allein erkennen lassen.

Bleibende Formänderungen in $\frac{1}{1200}$ cm

Belastung in kg insgesamt	Belastung in kg/qcm	auf die Messlänge 35 cm: bei Zugbelastung allein (Messung an Körper 3)	auf die Messlänge 35 cm: bei Wechselbelastung zwischen Zug und Druck (Messung an Körper 1)
15 und 12000	1 und 800	0,14	0,35
15 „ 24000	1 „ 1600	0,18	0,57
15 „ 36000	1 „ 2400	0,42	3,18
		auf die Messlänge 25 cm: bei Druckbelastung allein (Messung an Körper 4)	**auf die Messlänge 25 cm:** bei Wechselbelastung zwischen Zug und Druck (Messung an Körper 2)
17 und 6000	1,1 und 375	0,04	0,08
17 „ 12000	1,1 „ 750	0,11	0,24
17 „ 18000	1,1 „ 1125	0,18	0,29
17 „ 24000	1,1 „ 1500	0,21	0,31
17 „ 30000	1,1 „ 1875	0,29	0,43
17 „ 36000	1,1 „ 2250	0,40	0,65

Wie ersichtlich, sind die bleibenden Formänderungen bei Wechselbelastung durchweg grösser, als bei Zug- oder Druckbelastung allein. Der Unterschied ist zwar bei den verwendeten Messlängen im Vergleich zu den möglichen Fehlern nicht sehr gross, zeigt sich aber bei allen Versuchen sehr regelmässig.

D. Schlussbemerkung.

Die Ergebnisse der vorliegenden Arbeit lassen sich wie folgt zusammenfassen.

I. Gusseisen.

a. Die Veränderung der federnden und bleibenden Formänderungen, hervorgerufen durch fortgesetzte, konstante Wechselbelastung zwischen Zug und Druck.

α. Federnde Formänderungen.

1. Der Dehnungskoeffizient der Federung ist, wie schon bekannt, sowohl gegenüber Zug wie gegenüber Druck abhängig von der Grösse der Spannung; er wird grösser mit steigender Spannung (S. 20).

2. Annähernd bis zu der Spannung 300 kg/qcm ergeben sich für den ursprünglichen Zustand des Materials die Druckfederungen etwas grösser als die Zugfederungen; der Unterschied ist jedoch für das untersuchte Material so gering, dass man praktisch die Dehnungskoeffizienten bis 300 kg/qcm als gleich ansehen kann (S. 20 und 44; über den Verlauf der Dehnungskurve für sehr kleine Spannungen vergl. noch S. 54 u. f.).
3. Oberhalb der letztgenannten Spannungsgrenze ist der Dehnungskoeffizient gegenüber Zug grösser als gegenüber Druck (S. 21).
4. Fortgesetzte, konstante Wechselbelastung zwischen Zug und Druck verändert den Dehnungskoeffizienten bis rund 300 kg qcm Spannung (Querschnittsform a) so gut wie nicht; oberhalb dieser Spannung wird er dagegen um einen ganz bestimmten Betrag vergrössert. Diese Vergrösserung beginnt bei Zug etwas früher als bei Druck und nimmt mit steigender Spannung zu (S. 21).

β. Bleibende Formänderungen.

1. Die Zugreste für den ursprünglichen Zustand des Materials sind stets grösser, umgekehrt die Druckreste stets kleiner als diejenigen, welche sich bei fortgesetzter Wechselbelastung ausbilden (S. 22 und 23).
2. Die für eine bestimmte Wechselbelastung zwischen Zug und Druck sich ergebenden Reste sind niemals grösser als diejenigen für die gleiche Zugbelastung allein (S. 33).
3. Die gegenüber der Ausbildung bleibender Formänderungen bestehende Verschiedenheit von Zug- und Druckbelastung ist bei niederen Spannungen am grössten und verschwindet mit zunehmender Spannung immer mehr (S. 23).

b. Die Veränderung der federnden und bleibenden Formänderungen, hervorgerufen durch allmählich steigende Wechselbelastung zwischen Zug und Druck.

α. Federnde Formänderungen.

1. Der Dehnungskoeffizient der Federung wird durch steigende Wechselbelastung auf den vorhergegangenen Belastungsstufen für Zug und Druck vergrössert (S. 44).
2. Diese Vergrösserung ist für beide Elastizitäten nicht gleich; die Druckelastizität ist unterhalb einer bestimmten Spannung — Querschnittsform b, 900 kg/qcm — für alle Belastungen

weniger, nach Überschreiten derselben für niedere Spannungen mehr veränderlich als die Zugelastizität (S. 44).

3. Dieser Umstand ist von starkem Einfluss auf das gegenseitige Verhältnis von Zug- und Druckelastizität. Dasselbe liegt nicht allgemein fest, sondern ändert sich mit der Belastung (S. 44).
4. Die für den ursprünglichen Zustand des Materials gefundene Eigentümlichkeit, wonach Gusseisen für niedrige Spannungen gegenüber Druck elastischer ist als gegenüber Zug, verliert sich zuerst mit steigender Wechselbelastung, stellt sich aber oberhalb einer gewissen Spannung — 1200 kg/qcm — wieder ein (S. 44).
5. Die Kurven der Druckfederungen verändern ihren Charakter unter zunehmender Wechselbelastung; sie werden immer flacher und gehen durch die Gerade hindurch in einen Verlauf mit umgekehrter Krümmung über, sodass oberhalb einer bestimmten Spannung (rund 1200 kg/qcm) die Zusammendrückungen langsamer wachsen als die Spannungen (S. 45).

β. Bleibende Formänderungen.

1. Die bleibenden Formänderungen fallen für irgend eine Zug- oder Druckbelastung um so grösser aus, einer je höheren Wechselbelastung das Material bereits ausgesetzt war; das Materialgefüge wird unter dem Einflusse steigender Wechselbelastung gelockert (S. 46).
2. Die Vergrösserung der Zug- und Druckreste gegenüber den Werten für den ursprünglichen Zustand des Materials ist für Zug und Druck nur bis zu der Spannung 600 kg/qcm (Querschnittsform b) gleich; oberhalb derselben wachsen die Druckreste, namentlich für niedere Spannungen, rascher als die Zugreste (S. 46).

c. Veränderung der federnden und bleibenden Formänderungen durch Zug- oder Druckbelastung allein.

α. Zugbelastung.

1. Der Dehnungskoeffizient für Zug wird durch steigende Zugbelastung auf den vorhergegangenen Belastungsstufen erheblich vergrössert.
2. Die Vergrösserung des Dehnungskoeffizienten durch steigende Wechselbelastung ist grösser als diejenige durch steigende Zugbelastung allein.

β. Druckbelastung.

Der Dehnungskoeffizient für Druck wird durch steigende Druckbelastung auf den vorhergegangenen Belastungsstufen nur sehr wenig vergrössert.

Die durch die vorliegende Arbeit festgestellten grossen Veränderungen selbst einer und derselben Gusseisensorte durch Art und Grösse der Belastung lassen erkennen, dass es zur genauen Ermittelung des Verhaltens eines bestimmten Gusseisens in einem gegebenen Fall durchaus nötig ist, auch bei der Prüfung des Materials allen durch den Verwendungszweck gegebenen Verhältnissen Beachtnung zu schenken, sofern die zu gewinnenden Resultate der Wirklichkeit nahe kommen sollen. Eine völlige Übereinstimmung ist schon deshalb nicht leicht zu erreichen, weil ausser den bezeichneten Einflüssen noch andere eine erhebliche Rolle spielen, wie beispielsweise Grösse und Form des Querschnitts, sowie die schon bekannte auch in der vorliegenden Arbeit wiederholt festgestellte von aussen nach innen stattfindende Abnahme der Dichtigkeit.

II. Flusseisen.

Wechselbelastung zwischen Zug und Druck übt bei Flusseisen bis ganz in die Nähe der Streck- bezw. Quetschgrenze[1]) auf das elastische Verhalten der gleichen sowie aller vorhergehenden Belastungsstufen keinen merkbaren Einfluss aus. Der Dehnungskoeffizient wird weder durch konstante noch durch zunehmende Wechselbelastung verändert; dagegen sind die bleibenden Dehnungen bezw. Verkürzungen bei wechselnder Belastung stets grösser als bei Zug- oder Druckbelastung allein; das Material wird durch Belastungswechsel gelockert.

Nach diesem Verhalten darf bei Flusseisen das übliche Verfahren, nur die Zugelastizität, und zwar in der gewöhnlichen Weise, ohne sonstige Rücksichtnahme zu ermitteln, als vollkommen ausreichend bezeichnet werden.

Es ist eine bekannte Tatsache, dass man bei der Berechnung von Maschinenteilen für verschiedene Belastungsarten vollständig verschiedene Anstrengungen zulässt. Die hierbei massgebendenden Verhältniszahlen stützen sich zunächst auf die Erfahrung[2]), weiterhin vor allem auf eine

---

[1]) Nach den Ermittelungen für Körper 3 und 4 liegt auch die Proportionalitätsgrenze ganz in der Nähe dieser beiden Grenzen.

[2]) C. Bach, Maschinenelemente, 8. Aufl., 1901, Vorwort zur 1. Auflage sowie S. 79 u. f.

Reihe ausgedehnter Versuche, die Wöhler[1]) zu dem Zwecke angestellt hat, den Einfluss verschiedener Belastungsarten auf die Festigkeit des Materials zu bestimmen. Die Art und Weise, wie Wöhler seine Versuche durchführte, machte es notwendig, Spannungen anzuwenden, die weit über das hinausgehen, was man für praktische Zwecke zuzulassen pflegt. Es wurde deshalb schon vielfach[2]) die Frage aufgeworfen, ob die durch Wöhlers Versuche erhaltenen Resultate, trotzdem sie nur für verhältnismässig hohe Belastungen gefunden wurden, doch auch für die praktisch vorkommenden Spannungsgrenzen Gültigkeit besitzen. Man stützte sich hierbei beispielsweise auf Versuche, wonach Material aus Wellen- oder Brückenteilen, die jahrelang im Betrieb gewesen waren, trotz der vielfachen und wechselnden Belastungen keine Änderung in der Elastizität aufzuweisen hatte.

Die vorstehende Untersuchung zeigt, dass nur Gusseisen eine erhebliche Vergrösserung seiner Elastizität durch steigende Wechselbelastung innerhalb der praktisch angewendeten Spannungen erfährt, wobei allerdings noch zu beachten ist, dass die Anzahl der Belastungswechsel beschränkt war, indem diese nur solange fortgesetzt wurden, bis sich keine Veränderung des Materialzustandes mehr zeigte und angenommen werden durfte, dass der erreichte Endzustand auch bei beliebigem Fortsetzen der Wechsel der gleiche bleiben würde. Es zeigte sich aber für Gusseisen und Flusseisen, dass die bleibenden Formänderungen bei Wechselbelastung stets grösser ausfallen, als bei Zug- oder Druckbelastung allein. Macht man also zur Bedingung, dass die bleibende Veränderung des Materialgefüges für beide Anstrengungsarten gleich sein soll, so müssen sich auch durch Elastizitätsversuche für die als zulässig erachteten bleibenden Veränderungen ganz bestimmte, für die entsprechenden Belastungsarten verschiedene zulässige Spannungen ergeben. Ob die unter dieser Voraussetzung zu gewinnenden Verhältniszahlen mit den von Wöhler gefundenen übereinstimmen, wäre durch Versuche zu entscheiden. Die Erfahrungen der vorliegenden Arbeit haben gezeigt, dass hierbei ohne die Verwendung sehr grosser Messlängen, womit die Vergrösserung des Querschnitts zur Vermeidung von Knickung Hand in Hand geht, ausreichend zuverlässige Resultate nicht zu erlangen sein werden.

---

[1]) Wöhler, Über die Festigkeitsversuche mit Eisen und Stahl, Berlin 1870.

[2]) Zentralblatt der Bauverwaltung, 1900, S. 488.

Veränderung der federnden und bleibenden Formänderungen durch fortgesetzte konstante Wechselbelastung zwischen Zug und Druck.

Gußeisenkörper 1.

(Sämtliche Belastungsstufen sind mit Zug begonnen worden).

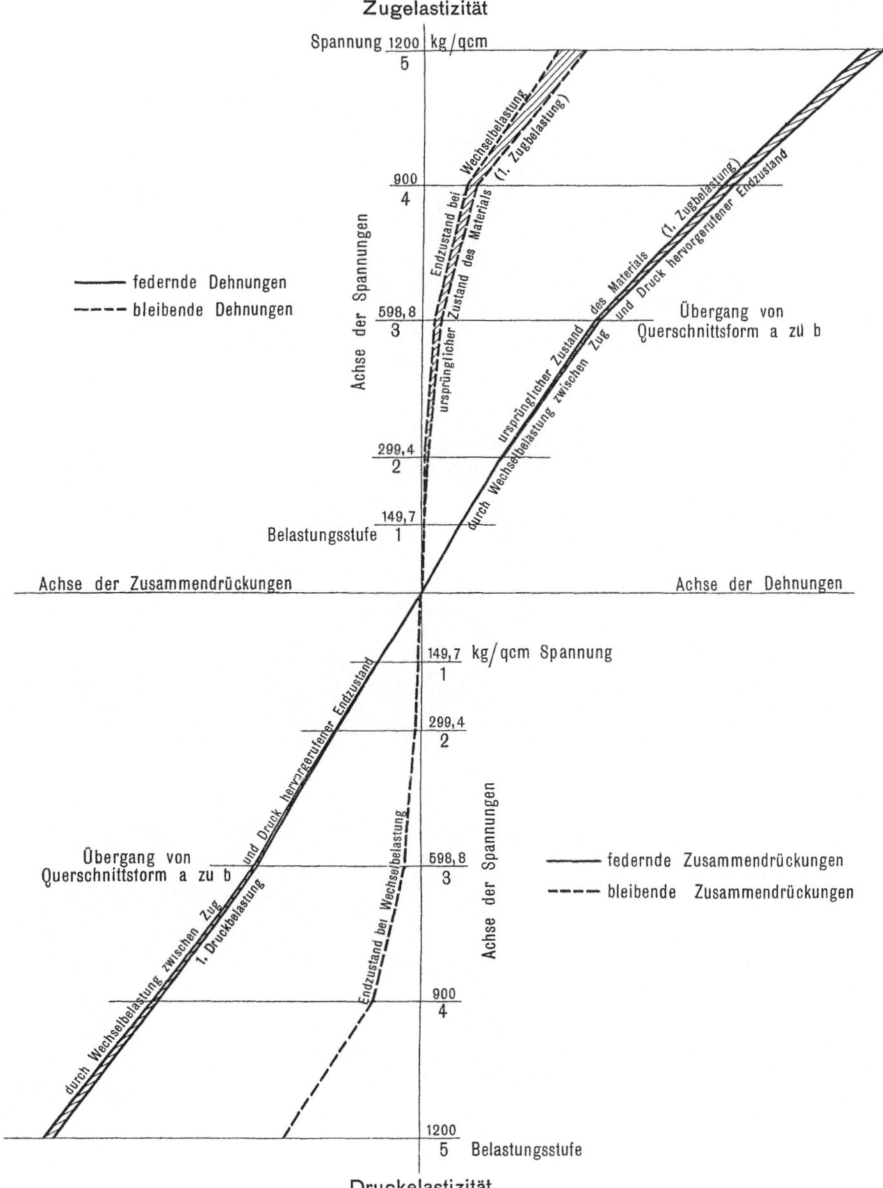

Verlag von Julius Springer in Berlin. Techn.-art. Anst. von Alfred Müller in Leipzig.

Veränderung der federnden und bleibenden Formänderungen durch fortgesetzte konstante Wechselbelastung zwischen Druck und Zug. Gufseisenkörper 2.

(Sämtliche Belastungsstufen sind mit Druck begonnen worden).

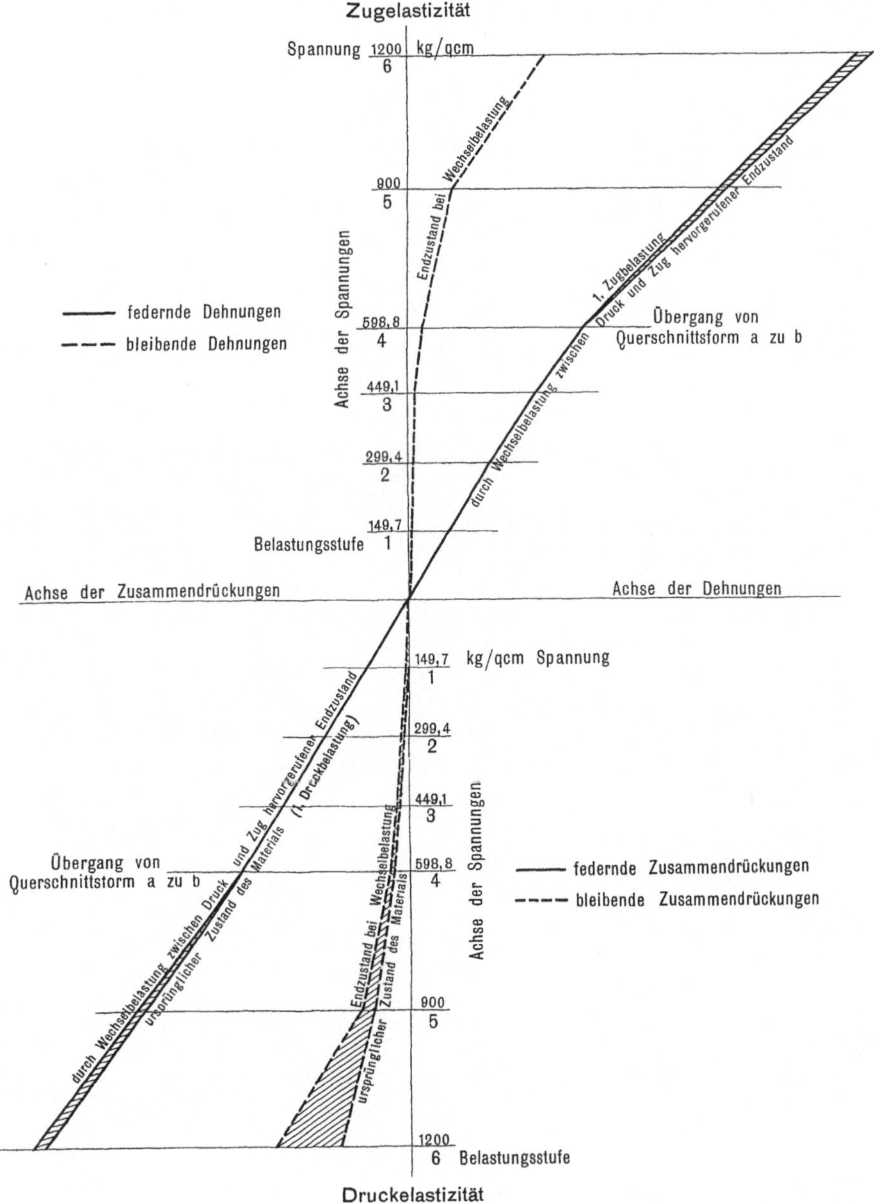

Verlag von Julius Springer in Berlin.

Techn.-art. Anst. von Alfred Muller in Leipzig.

Veränderung der federnden und bleibenden Formänderungen durch allmählich steigende Wechselbelastung zwischen Zug und Druck.

Gufseisenkörper 1.

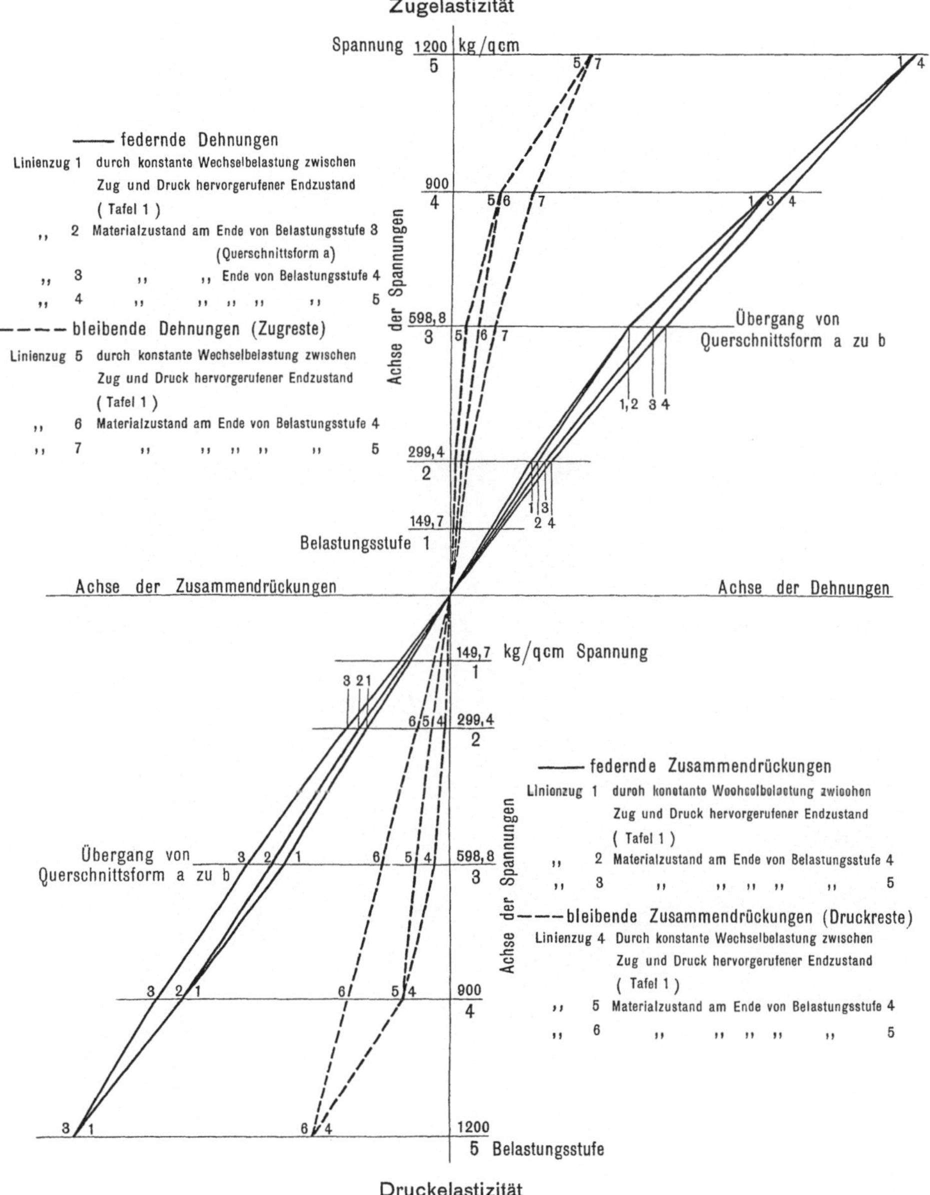

Verlag von Julius Springer in Berlin. Techn.-art. Anst. von Alfred Muller in Leipzig.

Veränderung der federnden und bleibenden Formänderungen durch allmählich steigende Wechselbelastung zwischen Druck und Zug Gufseisenkörper 2.

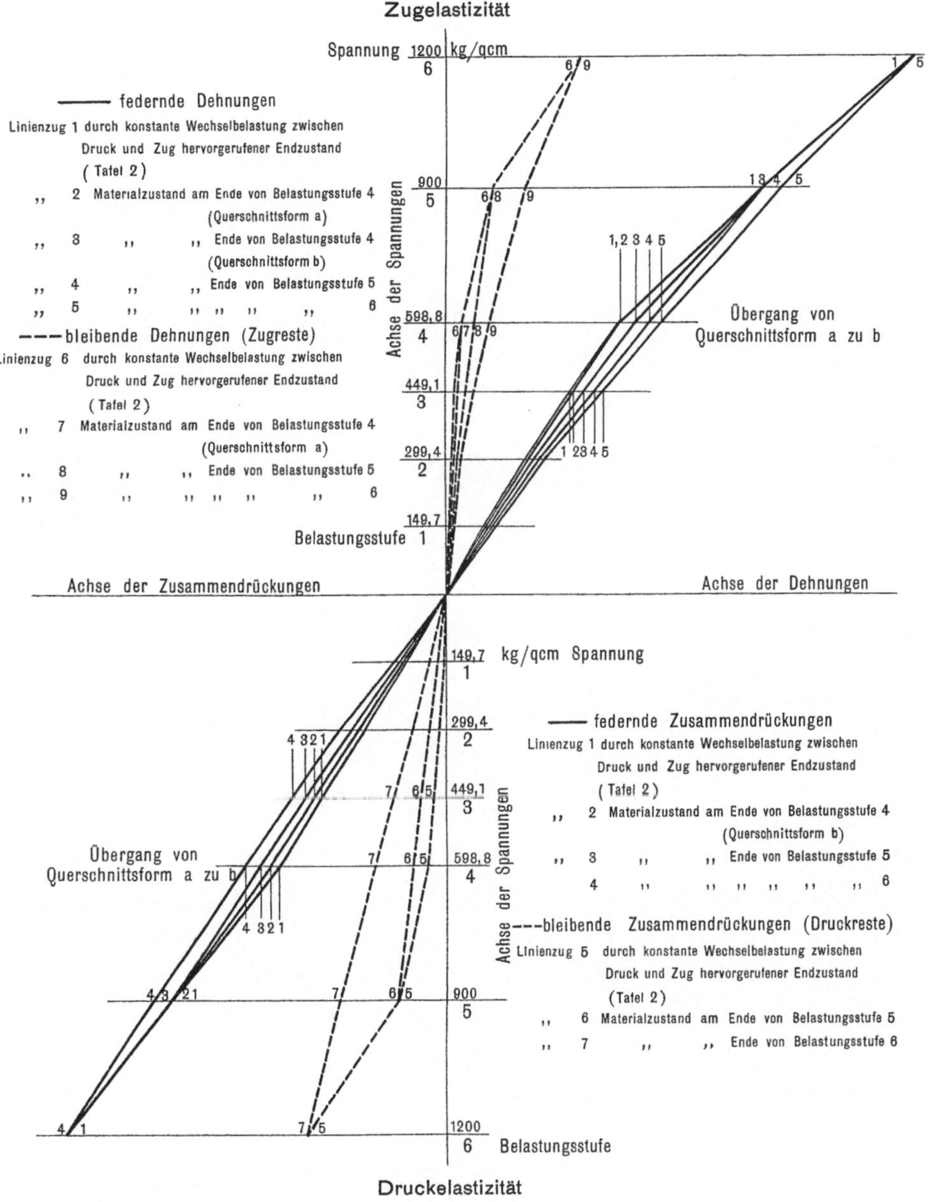

Verlag von Julius Springer in Berlin. Techn.-art. Anst. von Alfred Müller in Leipzig.

Federnde und bleibende Dehnungen hervorgerufen durch Zugbelastung allein. Veränderung des ursprünglichen Materialzustandes durch steigende Zugbelastung. Gufseisenkörper 3.

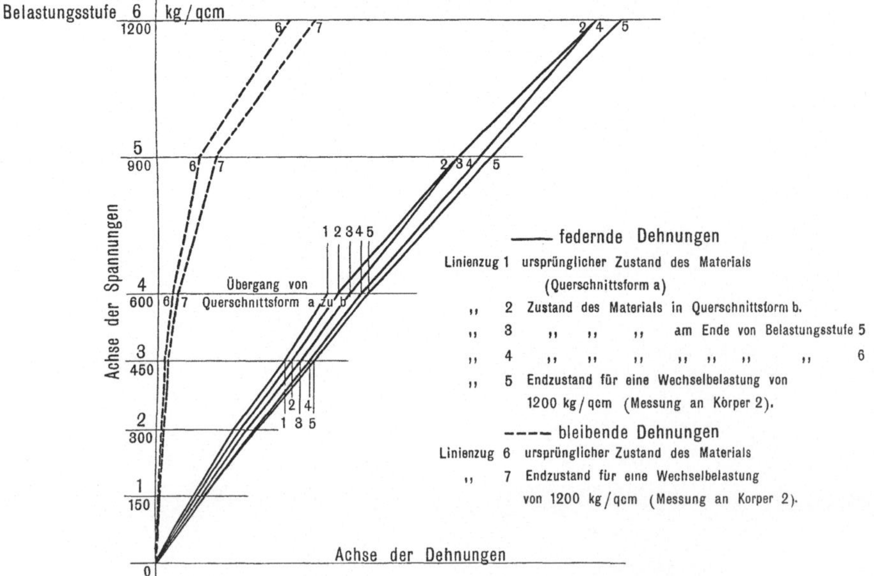

Federnde und bleibende Zusammendrückungen hervorgerufen durch Druckbelastung allein. Veränderung des ursprünglichen Materialzustandes durch steigende Druckbelastung. Gufseisenkörper 4.

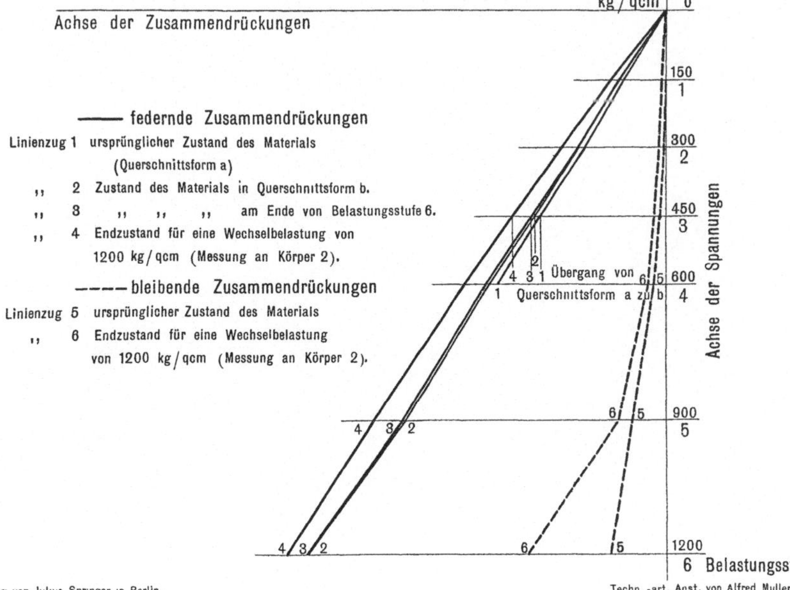

Verlag von Julius Springer in Berlin. Techn.-art. Anst. von Alfred Müller in Leipzig.